学步儿不难带

——护士妈妈育儿新体验

（美）克莱儿·刘 著

商务印书馆
The Commercial Press
创于1897

2012年·北京

图书在版编目(CIP)数据

学步儿不难带:护士妈妈育儿新体验/(美)刘著.—
北京:商务印书馆,2012
ISBN 978-7-100-09316-3

Ⅰ.①学… Ⅱ.①刘… Ⅲ.①婴幼儿—哺育—
基本知识 Ⅳ.①TS976.31

中国版本图书馆 CIP 数据核字(2012)第 165376 号

本书通过锐拓传媒代理,由风向球文化授权商务印书馆
在中国大陆地区出版发行。

学 步 儿 不 难 带

——护士妈妈育儿新体验

(美)克莱儿·刘 著

商 务 印 书 馆 出 版

(北京王府井大街 36 号 邮政编码 100710)

商 务 印 书 馆 发 行

广 西 民 族 印 刷 包 装

集 团 有 限 公 司 印 刷

ISBN 978-7-100-09316-3

2012 年 9 月第 1 版　　　　　　开本 787×1092　1/16
2012 年 9 月广西第 1 次印刷　　印张 12¼

定价:28.00 元

自序

顺利陪孩子走过
人生第一个叛逆期

两三岁的宝宝正值不好相处的年龄，所以西方有句谚语，叫"可怕的两岁"，东方则流传着"二岁小孩，猫狗都嫌"的俗语。这两句简短的名言，将全世界两三岁孩子父母的心声全都表达出来，这些不大不小的"天使与恶魔合体"的宝宝令父母们苦恼不已。

两三岁的孩子常让父母的情绪剧烈起伏：上一秒令父母心惊胆战、气到想揍人；下一秒他却又快乐天真地搂着父母，或做出令父母惊喜不已的举动。但不论这个恐怖小孩如何让父母担心害怕、又爱又恨、哭笑不得，他却也是父母最甜蜜的负担。

这个年龄段的孩子正处于人生的第一个叛逆期，开始从依赖走向独立，从牙牙学语到清楚表达意见，从蹒跚学步到健步如飞……他所跨越的都是人生的一大步，所以难免跌跌撞撞。他既需要大人的保护，又不希望被大人约束；他需要的是丰富环境的刺激，而不是空白无趣的空间。他虽然脱离了奶瓶，但偶尔也会有情绪忧郁，想重享吸吮时候的感觉；虽然摆脱了尿布，却偶尔不小心尿湿裤子。这时的孩子就是这么难缠又可爱，常令大人们啼笑皆非、无所适从，甚至有所担忧。

其实，想和这个年龄段的孩子融洽相处，只要摸清他的成长规律和性格即可，因此本书从护士妈妈的护理知识及亲子实践出发，从八个方面深入描写了两岁前后宝宝的成长状况和养育方法，内容既专业，又丰富、实用。希望家中有此学步儿的父母都能从本书中得到支持的力量，顺利陪伴孩子走过人生的第一个叛逆期。

克莱儿·刘

目 录

一　告别嗷嗷待哺

二　学说话咿咿呀呀

让宝宝快乐地开口说话 ·················· 27

学步儿不难带

三　学走路摇摇摆摆

五　学如厕告别尿布

六　学独立依依不舍

七　我家有只小暴龙

八　宝宝健康全记录

目录

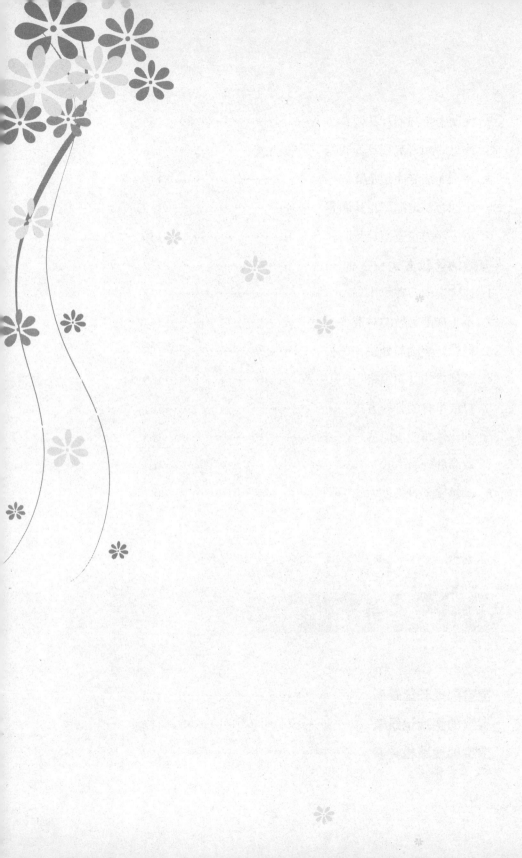

一

告别嗷嗷待哺

最可心的一句话

　　帮宝宝戒除奶瓶的时间越早越好，若等到宝宝对奶瓶有强度依赖时，才开始想帮宝宝戒除奶瓶，那么亲子间就得进行一场惨烈的意志力战争。而宝宝在八九个月大时，对奶瓶还不会过度执著，所以此时是帮宝宝戒除奶瓶的不错时机。

断奶与戒奶瓶计划

宝宝断奶的最佳时机是何时？根据大部分小儿科医生与小儿牙科医生的建议，宝宝最理想的断奶时间为一岁左右，因为在经过一年的哺乳后，宝宝不论在营养或感情上都已得到充分满足，在此时实行断奶计划，可避免宝宝进入两岁时，因依恋哺乳而坚持己见，而导致断奶过程困难重重。

许多母亲以为宝宝在开始吃副食品或母亲的奶水愈来愈少时，慢慢就会自动断奶。的确，有些宝宝会在一岁前自动断奶，但很多宝宝却永远都断不掉，所以妈妈们最好尽早做出断奶计划。

其实，远未做好断奶准备的反而是母亲。因为断奶虽然代表宝宝即将脱离婴儿阶段，进入另一个人生阶段，但许多妈妈非常享受哺乳时的肉体亲密关系，害怕宝宝一旦断奶后，亲子关系就会变得疏离，因此，许多妈妈对断奶这件事，总不免情绪复杂、半喜半忧。在这里，我们要提醒新手妈妈：虽然哺乳的过程与经验令人欣喜，但如果母亲碍于对亲密关系的依恋，迟迟无法做好断奶的心理准备，而持续无限期哺乳，会对宝宝造成负面影响。

此外，一岁左右的宝宝对奶瓶的依恋也像上了瘾似的，要他立刻丢掉奶瓶，乖乖进食，也不是一件容易的事。奶瓶对宝宝所造成的最明显伤害就是蛀牙，当宝宝使用奶瓶喝牛奶、果汁或其他添加糖类的液体时，糖液会被口中的细菌分解而变成酸液，当这些酸液长时间停留在宝宝的口腔中时，就很容易导致蛀牙，尤其如果让宝宝含着奶瓶睡觉，更会造成奶瓶性龋齿与奶瓶哺乳并发症。因此，为避免小小年纪就须忍受拔牙之苦，一般牙科医生会建议，让宝宝在一岁时就戒掉奶瓶，让他慢慢习惯使用杯子。

帮宝宝戒除奶瓶的时间越早越好，若等到宝宝对奶瓶有强度依赖时，才开始想帮宝宝戒除奶瓶，那么亲子间就得进行一场惨烈的意志力战争。而宝宝在八九个月大时，对奶瓶还不会过度执著，所以此时是帮宝宝戒除奶瓶的不错时机。

总而言之，宝宝与母亲是否做好断奶的心理准备，是决定断奶与否的重要因素。此外还得视宝宝对奶瓶的依赖程度来调整方法，以免操之过急而导致宝宝无法适应。因此，妈妈们可参考以下意见来实行断奶计划，以免因漫无章法而波及自己的日常生活。

1. 宝宝的营养需求会改变

从宝宝一出生到一岁左右，母乳的营养成分会随时间改变，而宝宝的营养需求也会改变。根据研究显示，宝宝过了一岁以

为了防止蛀牙，一般牙科医师会建议，让宝宝在一岁时就戒掉奶瓶，让他慢慢习惯使用杯子。

后，母乳已无法提供其所需的营养，只能被当成额外的补充食品，而非宝宝的主要营养来源。此外，经常使用奶瓶喝牛奶和饮料，会喝下太多不必要的液体，当宝宝喝太多时，就会没有食欲，最后导致食欲不振的问题。

2. 喂母乳也要避免宝宝龋齿

虽然宝宝过度依赖奶瓶容易造成奶瓶性龋齿，但不表示喝母乳就不会有龋齿的问题。喂母乳的宝宝会因为口腔里长期残留乳汁，牙齿不免受到侵蚀，尤其是喜欢睡着吸奶（俗称"奶睡"）的幼童，发生龋齿的概率更高。且证据显示，躺着喂奶（不论是喂母乳或用奶瓶喂食）还会提高宝宝感染耳疾的概率。因此，最理想的方式是尽量不要让宝宝睡着吸奶，同时要注意宝宝的口腔清洁。

3. 防止过度依赖母亲

长期哺乳会导致宝宝对母亲的过度依赖，试想当宝宝一岁后，母亲仍继续哺乳，是否会阻碍宝宝学习独立的时机：当宝宝碰到各种状况，例如受伤、饥饿、疲倦、闹情绪时，都可以立刻投入母亲的怀抱寻求慰藉，那么一旦母亲不在身边，宝宝便无法面对这些问题。再者，长期哺乳也可能导致母亲过度依恋哺乳的肉体亲密关系，虽然没有研究证明长期哺乳会导致母亲过度依恋，但从情感连接的角度来看，却不无可能。此外，长期哺乳也容易造成父亲与宝宝间的疏离，失去建立亲密关系的机会。

4. 避免影响婚姻关系

当宝宝满一岁却仍继续哺乳且有奶睡习惯时，极可能造成父母间的亲密关系渐行渐远。妈妈们必须切记，宝宝总有一天会长大、独立，然后离家自力更生，最后成家立业，而配偶才是陪伴自己一辈子的人，因此绝不要为了哺乳的问题，而忽略了亲密伴侣的感受。

断奶的方法

现在的妈妈要在一年内断奶，应该比以前容易，因为现今的宝宝副食品种类繁多，可以让宝宝渐渐减少喝母乳的频率，母亲与宝宝间也比较容易度过这一特殊时期。

不过，断奶时期仍是一段亲子间的意志力拉扯战，母亲必须更加注意与关心宝宝的情绪与行为改变。有些宝宝在断奶期间，为了寻求安全感，会养成吸吮大拇指的习惯，或对某些东西非常依赖（如毛毯之类的物品），这时父母绝对不要制止他，反而要支持他，这样会让断奶的过程比较顺利。

以下几点内容是母亲进行断奶计划所应该注意的。

1. 断奶的工具与时机

准备一个杯子，让宝宝练习用杯子喝水，等宝宝可以毫无困难地用杯子喝水时，便可在每次喝奶前，先帮宝宝准备固体食物，并以杯子盛装饮料当正餐或点心，当宝宝吃饱喝足后，就可能会满足而不再坚持非奶瓶不可。这样，当宝宝开始习惯使用杯子后，就可以减少使用奶瓶的次数。

值得注意的是，断奶的时机必须选在宝宝精神与心理状态平稳的时期，千万不要选在宝宝生病时进行断奶，也不要选在家中多了新生儿或换新保姆时，这些都不是断奶的好时机。

2. 减少白天的哺乳次数

睡前的那一餐与早上睡醒时的第一餐，通常是宝宝食欲最好的时候，而宝宝在中午时段比较不想吃东西，所以可将中午时段的哺乳次数减少，改喂副食品或其他固体食物。如果方便的话，还可以在这个时候带宝宝外出小玩一下，除了分散宝宝的注意力外，也可以消耗其精力，并将哺乳次数减到只剩睡前一餐与早上睡醒一餐。

3. 改变宝宝的生活习惯

改变所有跟哺乳有关的生活习惯。白天可以带宝宝外出散步或到朋友家中做客，也可以到儿童游乐场所，这些活动都可以分散宝宝的注意力，同时可以消耗宝宝的精力，让他不会想到奶瓶或母乳。在家中时，还可以为宝宝安排各种活动，例如画画、玩游戏……习惯晚上睡前喝点牛奶或果汁的宝宝，则可使用含有牛奶或果汁口味的饼干来代替。

4. 建立睡前仪式

越早帮宝宝建立睡前仪式越好。

所谓睡前仪式，就是该睡觉了的暗示，这个暗示远比直接要求宝宝在床上躺好，更容易被宝宝接受。理想的睡前仪式为洗澡、换穿睡衣、吃零食或哺乳、清洁口腔、换尿布、说故事等。

睡前仪式的建立必须持之以恒，每晚都执行相同的步骤。此仪式可以让宝宝在平稳的情绪下进入睡眠，不但可以提高宝宝在夜里的睡眠质量，也能明显提升亲子关系。

5. 不要因为照顾宝宝情绪而轻易哺乳

在断奶的过程中，宝宝因为不习惯一下子失去长期依赖的母亲或奶瓶，因此情绪通常会变得比较不稳定，动不动就哭闹不休，这时绝对不要为了安抚宝宝的情绪，就乖乖配合他。此时要先用杯子盛装食物或饮料让他进食，如果他吃完杯中的食物后，仍哭闹着要喝母乳时，再喂他母乳。

6. 最后阶段由爸爸哄睡

随着宝宝哺乳的次数减少，最后一个步骤就是让宝宝的爸爸哄他睡觉。这样一旦妈妈不在身边，宝宝就比较不会联想到吸奶。或者利用其他工具来分散宝宝的注意力，例如让宝宝玩他喜欢的玩具、听他喜欢听的故事或歌曲……让他忘记吸奶这件事。

进食大作战

宝宝到了两岁后，大都已经会使用汤匙吃东西，到了三岁时，则大都会使用筷子，但由于不熟练，所以在用餐时不免会打翻食物，并将餐桌与地上弄得脏乱不堪。但宝宝吃东西的重点，不在于讲求速度、效率及整洁的训练，而在于学习如何自我进食。虽然由爸妈来喂食，快速、有效率且整洁，但宝宝迟早都得学会自己进食，因此必须在宝宝会自己使用汤匙的时候，及时训练宝宝自己进食。

1. 自我喂食训练

如果宝宝在用餐时，喜欢抢汤匙，就表示他想尝试自己进食，不然就是想玩餐具。不管是哪种原因，都是让宝宝熟悉并尽快掌握自我进食的好时机。这时父母可以准备一套安全餐具，让宝宝一边玩一边练习。

使用筷子能够训练宝宝的手眼协调能力，如果宝宝很喜欢使用筷子，不妨为他准备一双适合儿童使用的餐筷，并指导他正确的用法。让宝宝自己进食时，最好尽量准备马铃薯泥、稠稀饭等黏稠度较高的食物，以减少食物四处飞散的惨况发生。

另外，在宝宝未熟练使用餐筷之前，父母一定要随时注意，以免宝宝把餐筷当成玩具而戳伤自己。筷子的选择以不易滑动的木筷较为理想。

2. 制定明确的用餐规则

宝宝自己进食时，不但会边吃边玩，还会把餐桌和食物弄得很脏乱，有些宝宝甚至会让爸妈因无法忍受而接手喂食，甚至端着饭碗追着喂食。因为宝宝知道，就算他一直玩耍，爸妈最后也会来喂他吃东西。

其实，当宝宝真的饿了，并不需要任何人逼迫，他就会乖乖吃饭。边吃边玩通常表示他已经吃饱或他并不饿，这时，父母最好的做法是，在用餐后二十分钟内把餐桌收拾干净，就算在餐桌收拾干净后听到宝宝喊饿，也不要提供任何食物，一直到下次用餐时间为止。

有些妈妈看到宝宝正餐只吃一点点，便会在餐后提供很多点心，这只会让宝宝的下一餐又变成边吃边玩的情况，因此父母必须事先制定明确的用餐规则，让宝宝清楚地知道：如果正餐不吃，饿了就得等到下一餐。

3. 防止摔掷餐具与食物

宝宝的专注力原本就很短暂，吃东西时，总是没吃几口，就开始弄翻杯盘，把食物丢掷到地上，手中的汤匙也不知摔飞到哪里去了。为了避免这种混乱的情况发生，最好的办法就是不要给宝宝任何食物或饮料，但这根本是不可能的事，所以得利用一些技巧来降低混乱发生的概率。以下几个方法能有不错的成效，可供父母参考。

定量配给。 不要把宝宝一餐的分量全堆到他面前，这样正好让他有机会玩乱丢食物的游戏，可以一次只放一两口的分量，等他吃完后，再放一两口的分量。

分散注意力。 准备一只适合宝宝使用的汤匙，让宝宝自己进食，他很可能会因为对使用汤匙这件事感到好奇，被使用汤匙一事所吸引，而忘了弄翻盘子或乱丢食物；还可以设计一些游戏来吸引宝宝的注意力，例如让他先吃一口，然后喂妈妈吃一口。

把餐具固定好。 准备底座有吸盘的餐具，将餐具固定在桌面上，这样宝宝就无法轻易把食物弄翻或撒一地了。

适时赞美。 当宝宝专注进食，且没有摔餐具、打翻食物时，就算只吃了几口，也要立刻赞美他，这样宝宝的表现就会愈来愈稳定。

宝宝学吃饭时，可在地板上垫一张纸或一块布。

上述这些方法都只能降低部分的险情，为了餐后整理上的方便，父母得同时做一些防范措施，以减轻食物弄得到处都是的情况，例如在地板上铺报纸，便于事后清理；或准备一大块帆布铺在地上，让宝宝坐在远离墙壁及不易擦拭干净的家具处，等宝宝用餐结束后，再将整块帆布拿到厕所冲洗。如此一来，不但方便清理又环保。

4. 防止宝宝喷玩食物

有些宝宝觉得喷食物的动作很好玩，于是每次当妈妈把食物喂进他的嘴里时，他就立刻把食物吐出来，且经常把妈妈喷得全身都是食物。当发现宝宝有喷食物的行为时，绝不要因为觉得好笑，就忍不住跟着宝宝大笑，这样会造成鼓励的效果，让宝宝变本加厉地表演喷食物绝技。为了阻止又脏又乱的喷食物举动，父母可以采取以下的方法：

变换食物与餐具。 宝宝产生喷食物的行为，有可能是因为食物不合胃口，也可能是某些食物容易引起宝宝的玩性，因此在准备宝宝的食物时，必须做适度的调整，例如，碗里一定要有一样是宝宝不会拒绝的食物，或将食物做成各种吸引宝宝的造型（如果是胡萝卜，可以做成各种可爱的形状）。此外，可以购买碗底有宝宝喜欢的图案的碗，宝宝吃完碗里的食物时，就可以看到碗底的图案，以此来引发宝宝的兴趣。另外，还要记得把一些容易引起宝宝玩性的食物换掉，让宝宝不再有表演的动机。

当个冷漠的观众。当宝宝少了热情的观众，没有人对他喷食物的特技感到好笑时，他也许就会渐渐感到无聊，自然而然就不会想玩这种小把戏了。所以，当你让宝宝坐好，并把他的食物放好后，就在旁边做自己的事，就算碰巧看到他又在喷食物，就当做没看见，千万不要有任何回应，慢慢地把他的表演热情浇熄。

结束闹剧。如果你的冷漠还是无法停止宝宝喷食物的行为，那么就该采取严厉的态度，让他知道这样的行为是绝对不被接受的。只要看到他喷食物，就严肃而坚定地告诉他："不准喷！"如果屡劝不听，就应该采取行动，立即端走食物。如此一来，即使他无法完全听懂你说的话，大致也会明白你的意思。

改善宝宝食欲的办法

相信所有的父母都对宝宝忽大忽小的食量感到头痛。宝宝的食量经常变化很大，有时好像看到任何食物都想吃，但有时又突然什么都不吃。其实，如果孩子真的饿了，他一定会让父母知道，所以千万不要强迫或贿赂宝宝吃东西，那只会让吃饭变成一场战争，适时地给予孩子鼓励才能收到好效果。

两三岁的孩子可能会突然喜欢或讨厌某些食物，这其实正是叛逆时期的自然现象，父母不需过度紧张；况且具有相同营养成分的食物很多，只要孩子的营养均衡，父母不一定要强迫他吃不喜欢的食物，毕竟叛逆阶段迟早会过去。

因此，要改善宝宝的食欲，通常还要解除父母或家人一些不必要的顾虑，才能拿出正确的办法。

以下是改善宝宝食欲的几点建议。

1. 制造欢乐且轻松的用餐环境

食欲是由大脑的中枢神经所控制，当用餐气氛不好、宝宝情绪不稳定时，他的食欲中枢就会受到抑制，进而引起食欲不振，也就不爱吃东西。遇到孩子不爱吃东西时，绝不要强迫孩子多吃，应该尽量制造欢乐且轻松的用餐环境，例如大人之间故意说"奶奶煮的菜真好吃！""我记得这是我们宝宝最爱吃的豆芽，像一个小蝌蚪。""这块南瓜你一定要试一试，可好吃了。"大人之间这样轻松的聊天方式会让宝宝对用餐产生浓厚兴趣，具有积极暗示作用的对话也会吸引宝宝乖乖用餐。

2. 找出偏食或挑食的原因

爸妈常会担心孩子因为偏食或挑食，导致营养不均衡，进而影响正常的发育。其实，偏食或挑食的坏习惯并非宝宝的专利，大人也常有这种毛病。

一般而言，宝宝不喜欢吃蔬菜、胡萝卜、青椒、洋葱，不吃鱼，但爱吃肉……遇到宝宝不喜欢吃某种食物时，可以改变烹调的方式。如果不论如何变化烹调方式，孩子还是不赏脸时，可能就要认真找出原因，是不是所准备的食物太硬或味道太重（如辣味、酸味、苦味的食物）。三岁以前的宝宝，咀嚼能力还不是很好，最好不要强迫他吃太硬的食物；而味道太重的食物过于刺激，也会破坏孩子的味觉，应该避免。

当孩子不爱吃东西或偏食时，父母也无须小题大做，只要孩子的营养足够，就不必过度强迫孩子一定要吃很多。毕竟，宝宝的口味变化多端，也许今天不吃的食物，明天就会愿意吃，所以要尽量让宝宝尝试不同种类的食物，不能因为他不吃某种食物，就从此都不给他吃。但如果发现宝宝因为不爱吃东西或偏食，而有成长趋缓、无精打采、不快乐等现象时，就必须请教医生。

3. 食量忽大忽小的对策

不少学步儿的父母会发现，他们的孩子有时暴饮暴食，有时又紧闭着嘴巴不吃任何东西。面对孩子这种不正常的饮食状况，他们感到非常紧张，不知所措。其实，我的女儿在两三岁时，也曾出现食量忽大忽小的情形，有时会吃个不停，一餐可以吃下一

宝宝吃不下时，不要强迫她进食，甚至省略一餐也没有关系。

天的分量；有时又什么都不吃，根本不碰食物或只随便吃几口。

这种情况令我非常担心她会营养不均衡，也担心会阻碍她的成长。为了改变她这种不合常规的进食习惯，我便依照标准食谱，准备符合宝宝营养的食物，强迫她在不饿时吃东西，吃太多时阻止她继续吃。然而，这样的方式让进食变成一件既痛苦又紧张的事，失去了进食时应有的愉快与享受。更糟糕的是，我的女儿变得不会表现她的饥饿感与饱食感，最后产生了进食上的问题。经过一段痛苦的进食战争后，我决定让女儿自然地表达饱与饿的感觉，饿了就让她吃，吃不下时，也不强迫她进食，甚至省略一餐也没有关系，让她以一种健康的饮食方式成长。

不过，这并不表示我放任女儿任意吃她喜欢吃的食物。如果爸妈也想采取这种进食方式，那么有一个前提必须注意，就是基于营养学的角度，只能提供宝宝有营养价值的食物，让宝宝从中挑选，且尽量不要提供洋芋片、汉堡、甜甜圈这类不具营养价值的快餐与垃圾食物，以确保宝宝的饮食健康。

我提供女儿食物的方法是，家中没有白面粉、高脂肪、人工色素、化学物品（如防腐剂）类的食物，或其他不具营养价值的快餐与垃圾食物，让女儿只能选择健康的食物。此外，为了避免女儿觉得我们对她有双重标准，只让她吃有营养的食物，我和先生也调整自己的饮食习惯，不能爱吃爱喝什么就吃喝什么，以此来配合女儿吃有营养价值的食物。

至于女儿的保姆、幼儿园老师，以及所有可能照料她的人，我也会让他们了解我对女儿的饮食要求，但这并不表示当其他小朋友在吃生日蛋糕时，我女儿一定不能碰蛋糕，只是希望他们不要让我女儿常吃垃圾食物。

4. 辩证对待突然发生的食欲不振

有些妈妈向我表示，以前她们的孩子，不论给他们吃什么，他们都照单全收；但到了两三岁时，孩子有时会拒绝以前爱吃的东西，也不愿意尝试没吃过的食物。她们甚至担心孩子是不是生病了。

经验丰富的妈妈应该都知道，两三岁的孩子往往变得对食物很挑剔，让喂食工作变得困难许多，但这并不表示孩子生病了。只要孩子没有出现昏睡、虚弱、疲倦、发烧、体重急速下降、脾气暴躁等生病的征兆时，就无须太过紧张。

两三岁的孩子出现拒绝吃东西的现象，可能是宝宝开始有了自己的看法与想法，此种现象在这一时期很常见。这或许是宝宝在进入学步的人生的新阶段时，因为周围的世界突然变大了，他整天忙着学技巧与认识新事物，因而变得没有心思停下来吃东西，所以在餐桌上会出现叛逆的表现。

此外，两三岁的宝宝食欲下降是十分正常的。根据最新的研究报道，一名健康的宝宝就算不强迫他吃东西，他自己也会吃下足够正常发育及生长所需的食物，且强迫喂食的结果，往往会造成慢性的饮食问题。

告别嗷嗷待哺

一般来说，食欲正常的宝宝，每餐、每天，甚或每周、每月，食欲都会出现不同的变化。虽然看起来宝宝的胃口时大时小，但从长期来看，他吃下去的食物其实是很平均的。

当然，当发现宝宝的饮食习惯改变时，家长首先要找出原因，观察孩子只是单纯地挑剔食物或情绪不佳，还是孩子有发育迟缓的现象，有时生病也会导致孩子食欲不振。若孩子是因为生病导致食欲改变，或伴有生长迟缓现象，就必须请教医生。

若孩子只是单纯地挑剔食物或情绪不佳，而出现餐桌上的叛逆行为时，父母千万不要和孩子正面交锋，这时，我们可以利用一些小妙方来引导这些小食客。

不要在餐桌上批评或指责。当喂食变成一场战争时，无论如何美味的食物也变得毫无味道，且难以下咽。进餐的气氛应该保持轻松愉快，而且不应强迫孩子一定要把饭菜全部吃完，你只需为他挑选营养均衡的食物，至于孩子要吃多少，则由他自己决定。

排除分心的事物。进餐期间要把电视关闭，也不可以让玩具出现在孩子面前，如果家里有兄弟姐妹时，更不可以让他们在一旁玩耍，因为这些干扰因素都会导致宝宝无法专心进食。

别催促孩子。很多父母在用餐时，会不停地催促孩子"吃快一点"。宝宝在刚开始学习自己吃东西时，速度原本就很慢，所以父母要让他有充分的时间进食，甚至延长用餐时间。

别在乎餐桌礼仪。刚开始学习自己进食的宝宝，因为手部控制力道不成熟，很自然会弄得杯盘狼藉，满桌满地撒的都是食物，父母不需急着在此时要求孩子保持干净整齐，可以等孩子的技术熟练后再说。

5. 改变用餐不安分的办法

要两三岁的宝宝安安分分地吃完一顿饭，可能比登天还难。就算把他放进高脚椅中，他依然会不停地扭来扭去，而且才吃几口饭，就哭喊着要你抱他下来。

对绝大多数两三岁的宝宝而言，这个世界实在太新鲜了，他们成天四处走动，东摸摸西碰碰，好奇地探索、挖掘这个世界，根本就把吃饭这件事抛到脑后，即便在进食时，他的心思仍被其他的事物所吸引，很难安静地把一顿饭吃完。

为了让宝宝乖乖进食，以便有充沛的体力探索世界，父母可以采取以下这些方法：

改变平时吃饭的座位。将宝宝的高脚椅移到餐桌旁，帮宝宝绑好安全带，并把椅子上的小桌子挪开，让他与大人一起在餐桌上用餐；或在大人坐的椅子上放一张小椅子，但小椅子必须是固定住的，这样或许会让宝宝觉得比较自在。

让宝宝自己进食。宝宝渴望独立也喜欢探索，如果平时喂他吃饭时，他会抢着要自己吃，那么不妨试着让他自己进食，他会比较专心。不过，宝宝自己进食的速度一定比父母喂食来得慢，因此，如果父母没有时间陪宝宝久耗，可以让宝宝自己吃二十分钟，然后再由大人来喂食。如此不但可以节省时间，也可以让宝宝有机会训练自己吃饭。

陪伴宝宝进食。假如宝宝还无法和父母一起用餐，那么当他吃饭时，父母应该坐下来陪伴他，但不要催促他，也不要指责他吃得太少、吃得一团乱，或要求他乖乖坐着吃饭。要尽量让他轻松、无压力地进食。如果孩子吃饭时不喜欢有人陪伴，你就得确定他不会从椅子上摔下来或把食物打翻，否则最好还是全程陪伴。虽然一般宝宝在三岁左右，就算没有使用特殊的高脚椅，也能平稳地坐在一般的座椅上，不过，父母仍不可掉以轻心，还是要在一旁小心监督才行。

当宝宝表示吃饱或开始玩起食物，或在椅子上坐立不安地挣扎着要下来时，不论他吃多或吃少，都应该将他抱下椅子，让他去探索世界。绝不要因为宝宝吃得太少，就追着要他再吃一口，这样反而容易让他养成不良的饮食习惯。

二

学说话咿咿呀呀

最可心的一句话

　　一般而言，婴儿天生就是沟通高手，婴儿出生后的第一年虽然还不会说话，但他们的脑海里会累积许多言语，等再长大一些，时机成熟时，他们很自然就会将那些言语应用出来。宝宝学习语言的能力因人而异，不过在两岁之前，大多数宝宝都可以使用50至100个句子。到了三岁时，宝宝脑海中所记忆的字词，平均已经达到500字，在上幼儿园之前，他们所熟悉的字词会增加近一倍。

让宝宝快乐地开口说话

孩子的语言能力是在与大人的相处中培养出来的，若大人经常和宝宝说话，让宝宝接受频繁的语言刺激，他的语言能力发展就会十分迅速，甚至还能用言语来表达自己的想法。

每个孩子的发展情况不太一样，有些孩子的语言发展快，有些孩子的肢体活动很灵活，但不一定非得样样都发展得早。不过，如果语言发展可以早一些，孩子能早些听懂爸妈的话，那么不论是沟通或管教，都会容易许多。

一般而言，婴儿天生就是沟通高手，婴儿出生后的第一年虽然还不会说话，但他们会用哭来表达一切早期需求，如对食物、睡眠及舒适等的需求。但在这段时期，他们的脑海里会累积许多言语，等再长大一些，时机成熟时，他们很自然就会将那些言语应用出来。宝宝学习语言的能力因人而异，不过在两岁之前，大多数宝宝都可以使用50至100个句子。到了三岁时，宝宝脑海中所记忆的字词，平均已经达到500字，在上幼儿园之前，他们所熟悉的字词会增加近一倍。

一岁左右的宝宝开始进入单语言期，能够表达单一语言，例如：他们会使用"妈妈"来表示想要妈妈抱抱的意思，使用"奶奶"来表示想喝牛奶的意思。到了两岁时，他们就有能力使用两个词的句子；两岁以后的宝宝，语言能力进步速度惊人，会讲的句子愈来愈多且复杂。

为了刺激宝宝的语言能力，可从七个方面入手。

1. 制造令宝宝产生说话意愿的气氛

我们都喜欢和信任的人分享自己的喜怒哀乐，并希望得到对方的共鸣与回馈，宝宝也是如此。为了让宝宝的语言能力得以顺利发展，父母必须与宝宝建立稳固的信任关系，当宝宝与父母在一起时能够感受到快乐与安全，他就会自然且自在地表达自己的心情。

2. 大人们要专心倾听

大人们在听宝宝讲话时，常常会心不在焉地一边听他说话一边做其他的事。其实，这样的态度反而会阻碍宝宝的语言学习，宝宝在跟父母讲话时，会非常在乎父母的注意力，一旦他发现父母只是在敷衍他，根本没有专心在听他说话时，他就会失去讲话的兴趣。因此，当宝宝对父母说话时，父母务必尊重他，千万不要一边听他讲话，还一边接听电话、看报纸、看电视或转头和别人聊天，甚或走到别的房间做家事。就算听不懂宝宝在说些什么，父母都应该停下手边的工作，面对面地看着他，专心倾听他说话，宝宝也就乐于和父母对话了。

同时，在宝宝刚学习说话的时期，大人们不需急着纠正，也不必急着灌输他一大堆知识，而是当宝宝最忠实的听众，这是让他开口说话的最大鼓励。

3. 从婴幼儿时期就开始建立正确观念

由于大人的观念往往会对宝宝具有潜移默化的作用，因此与宝宝对话时，大人们要注意所使用的句子，以免灌输宝宝错误或不当的观念。例如：观看流浪动物时，父母的直觉反应若是"呃，真脏"时，无形中就会影响宝宝对流浪动物或所有动物形成负面印象。当面对自己不喜欢或不认同的人和事物时，父母也应该避免用斥责的方式来与宝宝沟通，例如："早就跟你说这样不行。"、"那样会让人很讨厌你"……父母无心的一句话，往往会让宝宝不再有信心探索他所不熟悉的世界。

4. 帮助宝宝扩展生活经验

在宝宝学会说话前，他们就开始建立与生活紧密连接的字词，同时在脑海中储存文字及概念。由此看来，宝宝在学会说话之前，其实已经能够理解一些文字及概念了，因此，父母可利用机会让宝宝扩大生活接触层面，经常带宝宝到较大型的场所，进行简单的语言学习之旅。例如：在超市或购物中心时，可用简单的语言教宝宝认识所看到的东西；到植物园或动物园时，可简单地教宝宝认识动物与植物；也可以到图书馆借阅有关动物的绘本，用以强化宝宝的记忆。

在日常生活中，父母可通过每天重复发生的事情来帮助宝宝建立简单的概念，例如：大小、干湿、上下、左右、内外、空与满、站坐、快乐忧伤、明暗、好坏。除了简单概念的建立外，还可适时帮宝宝建立因果关系，例如告诉宝宝水在炉上加热会变滚烫，放到冰箱里会变冷凉，放到冷冻室里会结成冰块。

在教宝宝认识并记忆文字时，需将文字或句子重复数次，直到宝宝能够模仿大人的发音为止。

5. 对宝宝不停地说说唱唱

因为对语言不了解，所以宝宝在学习语言时，必须先了解语言，而要了解语言，就必须不断地听到重复的语言，并与实物联系，才能真正了解语言的意思。因此，为了让宝宝开口说话，父母就必须先说话且重复地说，就算觉得自己像机器人一样不停地重复说着同样的句子，而宝宝却好像完全听不懂，这时父母还是不能放弃。不论是早晨的梳洗穿衣，还是在厨房、餐厅、马路和公园里，父母都可以不厌其烦地重复教导他，让他充分沉浸在语言学习的环境中。

不过，也不要为了让宝宝沉浸在语言学习的环境中，就整天对着宝宝说个不停而变得矫枉过正，那只会导致宝宝的听力超载。毕竟宝宝的专注力是非常短暂的，也没有能力记忆那么多的事物，因此，当父母发现宝宝心不在焉时，就应适可而止。

除了对宝宝重复讲生活中所见的事物外，说故事也是帮助宝宝学习语言的好方法。宝宝总是对童话故事百听不厌，同一则故事可以一听再听，因此，父母可以购买或到图书馆借宝宝喜欢听的绘本故事书，先从简单的故事开始讲，等讲过很多遍后，便可以试着让宝宝自述故事内容，如此一来，不但可以训练宝宝的语言能力，还可以训练宝宝的记忆力。

唱儿歌也能达成讲故事的效果。宝宝就像是与生俱来就有音乐细胞似的，尤其很容易被节奏简单的旋律所吸引。反复对宝宝唱同样的歌曲，然后要求宝宝一起合唱，就算他唱得五音不全，也不失为增进宝宝词汇的好方法。如果能就着这些节奏简单的旋律配合做一些简单的动作，不但能增进宝宝的词汇数量，还可以让宝宝玩得很开心。

唱儿歌也能达到讲故事的效果。做法是反复对宝宝唱同样的歌曲，然后和宝宝一起唱。

6. 训练宝宝的回应能力

当宝宝能流利地模仿大人说话时，便可以开始训练他的回应能力，要求他回答大人所提出的问题。例如：当宝宝指着气球表示他想要时，不要立刻买给他，这时大人可以指着气球问他："那是什么东西？"待他回答出来后，再问他："你想要哪一种气球？是小狗气球，还是脚踏车气球？"如果宝宝回答不出来，也不要强迫他；如果他只会用手比画，或只会以点头或摇头的方法来回答问题，你可以尝试用不同的方式询问他，或直接把他手指的东西拿给他，然后帮他说出他的意思："来，这是你要的小狗气球。"

训练宝宝的回应能力不可操之过急，需要有耐心、一次又一次地训练。在训练时，务必简单、清楚、缓慢且要确定宝宝听得懂，绝对不要对宝宝说一大串话，且说话速度也不可以太快。当大人说话又长又快时，宝宝很难听懂每个字的发音，也来不及从那一大串话中听出头绪，这样反而会让宝宝有挫折感，进而不想听父母在讲些什么。

7. 鼓励宝宝自在地说话

许多父母为了满足自己的虚荣心，似乎想把家中的宝宝塑造成演说家，却没想到这种做法往往只会带给宝宝压力，导致他产生反抗的心态。其实，大人应该做的是鼓励宝宝开口说话，而非强迫他。当宝宝想说话时，就让他自由自在地说，大人只需要注意他的发音是否正确，而不是支配他说的内容。

当宝宝自由表达他想说的话时，他的发音及句子文法结构都还无法精确，且通常得花好几年的时间才能达到正确的程度。因此，当父母要纠正宝宝的发音或句子文法结构时，语气必须和缓且具鼓励性，并在轻松的气氛下，正确地为宝宝示范。绝不要吹毛求疵地批评宝宝的错误，或以处罚的方式强迫他一定要讲对，如此只会让宝宝觉得只要一开口讲话就会招来批评，最后就索性不愿讲话，或对开口讲话产生恐惧感。

当宝宝能够正确地发音，或终于讲出比较完整的句子，或能够指着东西并正确地说出它的名字时，别忘了赞美他，让他更有信心开口表达心里的想法。

宝宝说话不清楚的纠正方法

语言发展的快或慢绝不能与智力好坏画上等号。有些宝宝对生活各个层面上的反应都表现得很灵活，而且父母也给予了较充足的语言学习刺激，但他在语言上却总是显得落后于同年龄的宝宝。这种语言发展迟缓的现象，可能与遗传有关，而非宝宝的智力出了问题。

当父母发现宝宝说话的能力比兄弟姐妹或同年龄的孩子落后时，父母应该带他去找医生仔细检查。如果检查的结果发现其语言程度只是稍微落后，但仍在正常范围时，就不必过于担心，只要遵照医嘱，提供孩子正常的语言学习环境，也许不久后，孩子就会快速进步；但如果检查的结果发现的确有语言发展迟缓的现象，那么就要尽早接受语言矫正治疗，早期治疗通常能够帮助孩子克服障碍，进而加速语言的发展。

1. 口齿不清的原因及纠正方法

我的大女儿在学会一些简单的字词后，就开始变得很爱讲话，只是她叽里呱啦地说了一长串的话，却没有一个字是清楚的。我先生当时很担心，以为女儿是不是有语言迟缓的问题。

其实，两三岁的宝宝发音不清楚或发错音，是正常的现象，就算已经学会许多字词，也很少能够把话说清楚。三岁前的宝宝所说的话，大多数人都不太能听得懂他在说些什么，只有父母或照顾他的人才能听得懂，其原因在于：这时的宝宝大都还不太能够流畅地运用舌头与嘴唇来发音，而当他无法精准地发音时，就会找一个音域相近但比较容易发音的字词替代。例如：宝宝通常没有办法发出"佛"的音，因此他们会用"喝"来替代，而把"发"说成"花"，把"衣服"说成"衣虎"。这种发音不清楚或发错音的情形会一直持续到上幼儿园后，才会有比较明显的改善。

只要确定宝宝没有语言发展迟缓的问题，那么在面对他发音不清楚或发错音时，父母必须有耐心地陪伴与引导，就算听不清楚他在说些什么，也不要刻意挑剔或执意纠正他的发音，因为那可能会对宝宝造成压力，导致他失去自信心，甚至造成口吃。这个时期的宝宝需要轻松地学习语言，因此，父母应该抱着鼓励的态度，等到宝宝能够熟练地运用嘴部肌肉时，自然能清楚而且正确地讲话。

2. 语言学习速度缓慢的原因和对策

有些宝宝学习语言的速度比同年龄的孩子明显缓慢，当同年龄的孩子都能清楚说出单字与句子时，语言学习缓慢的宝宝虽然也会讲话，但大人却无法理解或猜到他的意思。不过，也许他所说的话听起来像胡言乱语，但并不表示他不会说话，也不表示他是心智障碍儿。

幼儿时期开口说话慢的代表性人物就是阿尔伯特·爱因斯坦。爱因斯坦表示，他直到三岁时才开口说话，在他进入小学后，他的第一位小学老师仍担心他是心智障碍儿。就连学校的校长都认为他做任何事情都不会成功，因为他对不感兴趣的事物，完全不想学习；但当某件事引起他的兴趣时，他便会不寻常地专注投入其中。爱因斯坦对数学有着浓厚的兴趣，当他的小学同学都还在学习运算时，爱因斯坦的叔叔便教他代数与几何学，带领他进入了奥妙的整数微积分，进而培养出了一位举世闻名的科学家。所以，幼儿时期开口说话快慢与否，并非决定宝宝智力的根本因素。

当宝宝出现语言学习缓慢时，父母除了带他寻求医学帮助外，还要仔细寻找生活中可能导致宝宝语言学习缓慢的因素，才能帮助宝宝。

有的孩子三岁后才能较好地说话，家长大可不必太着急。

性别差异。研究表明，女孩学习语言的时间不但比男孩早，学习的速度也比男孩快，一方面可能有先天上的差异，例如女孩先天的语言学习比较快，而男孩先天的思考能力形成比较快；另一方面可能是后天环境的影响，例如父母比较在意女孩的语言要求，而对男孩则比较在意体能与性格的训练。

来自父母的遗传。发现宝宝有语言学习缓慢的问题时，父母应该先了解自己幼年时是否也有相同的情形。大多数的宝宝很早便能听懂别人所说的话，能轻松地回应别人的问题，但有些宝宝却会因为遗传的关系，导致嘴部与舌头的肌肉发展缓慢，进而影响语言学习的速度。

宝宝的排行。一般而言，家中的长子会得到较多的关注，父母也会将所有的精力投注在他身上，对他的语言刺激也就会比较充足，所以长子的语言学习速度会比较快；而出生排行在中间的宝宝，就比较容易出现语言学习缓慢的现象，因为上有兄姐、下有弟妹，排行中间的幼童比较会被父母忽略，而当他们有需求时，兄姐也会抢着帮他们说出需求，久而久之，他们就会慢慢养成依赖兄姐帮他们代言，自己根本不需要开口说话的习惯，而导致语言学习缓慢。

就我自己而言，我在六个孩子中排行第三，与弟妹的年龄很接近，因此在弟妹接连出生后，父母除了整天忙于农事，还要忙着照顾相继而来的新生儿，以致没有太多时间与正值语言学习时期的我互动，或给予语言方面的刺激与训练，导致我的语言发展比同年龄孩子明显缓慢许多。

缺乏丰富的语言环境。不同的环境、不同的对象都可以让宝宝的语言学习内容变得丰富，当宝宝处于丰富的语言环境时，其所学习语言技巧的机会相对较多。例如，身处家中同时使用两种语言的宝宝，他可能跟父母学习普通话，而跟祖父母学习闽南语，也许因为两种语言转换与辨识的关系，导致他一开始学习得比较缓慢，但随着年龄增长，他反而可以同时精通两种语言。

另一个可以刺激宝宝语言学习速度的环境就是幼儿园或儿童游乐场所。父母与宝宝间的对话是可以预知的，但宝宝与宝宝间的对话内容却是无法预知的，因而可以刺激宝宝更快速地学习语言。

一旦父母发现宝宝的语言学习速度比同年龄孩子来得缓慢时，并不需要惊慌失措，也不需要有负罪感，毕竟父母不是儿童语言专家，有些专业问题已超过父母的能力，非父母所能解决，因此必要时还是应求助于专家。

3. 语言发展迟缓的原因及其对策

三岁的洋洋上幼儿园的小班，上课期间经常跑来跑去，不受老师控制。洋洋记忆的字词很少，发音又老是不清楚。一开始老师以为他有多动问题，于是建议妈妈带他去检查，检查后才知道，原来洋洋有中度听障的现象。佩戴助听器后，洋洋的语言问题才慢慢获得改善。

同样也是三岁的小志，虽然会讲一大串话，但要不就是一个劲儿地重复别人的话尾，要不就是自己叽里呱啦地说了一堆，却没人听得懂，也因此无法和他沟通。经过医生检查后发现，小志是轻度的自闭儿，必须通过早疗来改善他的状况。

而另一个案例的小宝宝冠均，当其他两岁幼童都开始会说话，会说吃饭饭、喝水水时，他却仍然无法表达自己的需求，只是指着或盯着他要的东西，然后不停地哭闹，而当父母看不懂他的意思时，他就会躺在地上又哭又踢，还不停地用头碰撞地板，经常把父母吓得不知如何是好。面对这种情形，爸爸失去了耐心，常常会以凶恶的口气强迫冠均说出他的需求，但往往让冠均哭闹得更厉害。直到妈妈带冠均看医生后，才恍然大悟，原来冠均是因为情绪障碍而导致语言发展迟缓。

语言发育迟缓是指由各种原因引起的儿童口头表达能力或语言理解能力明显落后于同龄儿童的正常发育水平，例如一岁多尚不能叫爸爸妈妈，四岁尚不能说完整的句子等。语言障碍和语言发展迟缓会对儿童造成极大的负面影响，除了影响学习能力外，也对其人际关系产生负面影响。因为宝宝无法与人沟通，以致遭到同伴的排挤，进而产生自卑、不愿与人互动的心态。因此，当父母怀疑家中两三岁的宝宝出现语言发展迟缓的现象时，必须先分辨清楚只是语言学习比较落后，或真的是语言发展迟缓；若真的是语言发展迟缓，必须找出是什么原因造成的，且父母也应该寻求专家的协助，以找出潜在的病因，并接受早疗的训练与矫正，如此便可慢慢改善语言迟缓的问题。

造成语言发展迟缓的原因很多，包括生理性因素、心理性因素与环境因素。下面几种因素可提供家长进行简易的判别。

舌系带过紧。舌系带是指舌头底下连接口腔底部的一片薄膜。舌系带过紧则是指这片薄膜变厚、变短，使舌头无法像一般人那样轻易地往上翘。根据统计，有5%左右的宝宝患有舌系带过紧的症状。严重舌系带过紧的孩子，当他哭闹时，舌头看起来舌尖下凹，有一点像麦当劳的M形商标。

有些人在发现宝宝发音不清楚时，就直接联想是舌系带过紧，虽然舌系带过紧的确会影响宝宝的语言学习，但如果宝宝到了三岁还不太会讲话，就不见得与舌系带过紧有关。

听力障碍。就外表上而言，中度或重度听力障碍的孩子容易被察觉，但大部分轻度听力障碍的孩子却很难被辨识出来，除非家长细心观察或通过医疗系统检查才可能知道。尤其是智力高的孩子，因为各方面反应都很快，进而掩盖了轻度听障所引起的种种潜在问题。轻度听力障碍的孩子对于外界声音的刺激有反应，但是听不清楚，而此种现象常让大人误以为他们是"听得到，但不理会"，以致招来责罚。由于对外界声音刺激有反应，但听不清楚，也使轻度听障的宝宝无法准确地发音，表达能力发展缓慢尤其明显，明明就是已经会走会跳的孩子，可是所能表达的字词却非常稀少。

自闭症。大部分的自闭儿都有语言发展迟缓的现象，而引起此种迟缓的原因则归咎于沟通问题。他们对沟通的欲求非常薄弱，对于听觉刺激或视觉刺激的反应也和正常的孩子不同。他们无法理解别人所说的话，与人对话时，常常会出现回响语，就像鹦鹉一样重复对方所说的话，例如，当你问他"你吃饱了吗"，他会回答"你吃饱了吗"，再不然就是对别人的问话毫无反应。

自闭症孩子与人没有眼神交流，仿佛一直活在自己的世界中，对于某些事物或玩具有固执的情况，因此不能只是单纯地治疗语言迟缓的部分，还要安排相关的心理训练课程。

情绪障碍。"有口难言"、"你不了解我"就是情绪障碍儿童的最佳写照，他们因为注意力与情绪无法维持在一个稳定的状态，进而影响语言学习的成效，当他们无法以语言表达心中的想法与需求时，情绪就会失去控制，最后就会以激烈的肢体动作来表达，但激烈的肢体动作却往往被大人们解释为闹脾气。

情绪障碍儿童因不善于处理人际关系，以致与人的沟通互动机会减少，也就更降低他们学习语言的机会。因此，父母除了让孩子接受早疗的矫正康复外，平时更应该详细观察孩子情绪发作的原因，然后找到舒缓情绪的方法，慢慢引导他们正确地表达自己的想法，同时也帮助他们学会控制自己的情绪。

脑伤。大脑语言理解与运动性语言中枢或其他中枢，会因先天或后天的损伤而引发语言发展迟缓。例如，运动性语言中枢受损害，会导致运动性失语症，患儿虽然发音器官没有毛病，仍保留听懂别人说话以及写字和阅读的能力，却失去了说话的能力，不能将语言以口语方式表达出来。先天智能不足的孩子，也不可避免地都有语言发展迟缓的现象。

环境因素。导致孩子语言发展迟缓的环境因素很多，例如，亲子关系异常、家庭照顾缺乏、亲戚保姆代养、与照顾者语言不通、被虐待、被遗弃、缺乏语言文化的刺激、环境变动过大而无法适应……这些都会造成儿童语言发展迟缓。

当发现宝宝有语言发展迟缓的症状时，父母一定要带孩子到儿童精神科进行彻底检查，并做到早期诊断、早期治疗，绝不可盲目相信"大器晚成"的观念，以为等孩子长大自然就会正常说话，而错失了黄金治疗时机。更别提在等孩子长大的这段期间，孩子必须经历许多辛苦的成长过程，必须要忍受多少别人的不理解与排斥了。

三

学走路摇摇摆摆

最可心的一句话

　　不论宝宝学习走路的时间是早或晚，都无法就此推断其智商的高低，或认定其运动能力发展是否迟缓。许多比较晚学走路的宝宝，往往会在短时间内就赶上其他宝宝的速度，所以父母无须过度紧张。

减轻宝宝跌跌撞撞的对策

　　根据儿童发展心理学的说法，两三岁的孩子是婴儿成长为儿童的过渡时期。这一时期，宝宝不但要告别哺乳期，学会自己进食，学会说话，还要慢慢学会走路。宝宝蹒跚学步和学语言一样，是生命的第一个进阶，仿佛少年儿童步入青春期，是人生的第二个进阶一样，都是至关重要的成长经历。这一阶段，被称为"学步期"；这一阶段的宝宝，被称为"学步儿"。几乎每个宝宝在刚开始学走路时，都会令父母提心吊胆，因为宝宝走路的时间往往无法持续长久，有时甚至连五分钟也坚持不了，随时都会跌倒。有的父母甚至担心宝宝是否有手脚协调的问题。

　　其实，一般而言，宝宝要到三岁左右才能走得比较平稳，在此之前，虽然他们不停地在进步，但跌跌撞撞以至全身伤痕，有时还是无法避免。父母能做的就是尽量降低跌撞、摔伤的概率。对初学走路的宝宝而言，跌跌撞撞是常见的现象，造成此种现象的原因包括平衡感与协调度问题、视力及专注力不足等问题。针对这些生理现象帮助宝宝学步，会事半功倍。

1. 平衡感与协调度的提高

由于宝宝在平衡感与协调度方面的经验不足，所以在学习走路时会经常跌倒，但只要经过不断练习，就能改善。

见到宝宝跌倒时，父母切勿过度反应与过度保护，因为那样只会抑制宝宝的学习发展，并导致他胆怯的个性。其实，宝宝全身充满婴儿脂肪，再加上个子矮小、离地面近，就算跌倒也不会有大碍。再者，宝宝的前囟门要到一岁半左右才会闭合，在此之前，宝宝的头盖骨柔韧且有弹性，轻微的碰撞还不至于造成伤害。

如果家中的宝宝是特别好动的孩子，那么在一岁左右时，他们可能就学会攀越婴儿床的技术，所以父母务必把婴儿床垫放低，而且父母的床上也绝对不要放置大型的填充玩具，以免宝宝把这些填充玩具拿来当"垫脚石"，自己爬出婴儿床外，并摔到地面受伤。

此外，父母要学会温柔对待学步儿。绝大多数的父母虽然都不会打宝宝，但往往在生气或不耐烦时，会用力摇晃宝宝，让宝宝知道自己的表现不够好。其实，摇晃宝宝是不安全的行为，因为宝宝出生后的三年中，颈部肌肉还不是很强韧，摇晃宝宝可能会严重伤害其眼部或脑部。

2. 正确认识远视

学步儿另一个常见的状况是，他们经常会撞到桌子、椅子、家具，再不然就撞到人。许多父母不禁会怀疑，是不是宝宝的视力有问题，所以走路时才会到处碰撞？一般而言，一岁的宝宝都有远视的问题，看不清楚眼前近距离的事物，而且视觉深度感十分有限，因此无法精准地判断物体间的距离，以致走起路来常常因碰撞而跌倒。宝宝的眼球大约要到九至十岁才会发育成熟，视力要在那时才会达到正常的标准视力。因此，一般的宝宝到了三岁，走路的步伐会更平稳，但要真正走稳，可能要等到八至九岁时。即便宝宝拥有正常的视力，还是不免会经常东碰西撞，因为此时期的宝宝在走路时，很容易被周遭的人或事物所吸引而分心，也难怪他们会东碰西撞。

3. 选择好的学步场所

宝宝对任何事物都会感到好奇，所以在学走路的过程中，经常会被身旁所发生的事物吸引，在无法专心的情况下，跌跌撞撞也就成了必然的结果。

当家中有学步儿时，地毯是学步极佳的选择，若家中不使用地毯，也要尽量避免让宝宝在瓷砖地上学走路；在户外时，也要避免让宝宝走石板、石头或砖块路。陪宝宝练习走路时，要先检查练习的路线，所有带锐角的突出物和家具，都必须遮盖或移开，以防宝宝撞伤。另外，抽屉要关好，地上的电线要固定好，以免绊倒宝宝。

宝宝学步缓慢的原因和对策

与学语言一样，宝宝学步也有快有慢。很早就开始学走路的宝宝，不表示他们的运动细胞比较发达，很快就能够走路平稳；而很晚才跨出人生第一步的宝宝，也不代表他们的运动能力发展比较缓慢，日后一定会走得不平稳，而且宝宝开始学习走路的时间，每个人都不太一样。

普遍而言，宝宝大约在出生后的第十三个月开始学走路。当然，有些宝宝在不满一岁时，就已经能够连走好几步；而有些宝宝都已经十六个月了，才跨出人生的第一步。许多父母看到自己八九个月大的宝宝竟然学会走路时，总是骄傲地觉得自己的小孩是天才；而发现自己已经十六个月大的宝宝还不会走路时，就会担心不已，害怕孩子的生理或脑袋是不是出了什么问题。

其实，不论宝宝学习走路的时间是早或晚，都无法就此推断

学步儿不难带

其智商的高低，或认定其运动能力发展是否迟缓。许多比较晚学走路的宝宝，往往会在短时间内就赶上其他宝宝的速度，所以父母无须过度紧张。

当宝宝十六七个月大时，如果学习走路的进度非常缓慢，甚或完全没有想试着站起来的迹象，这时父母应该带宝宝到医院让医生进行详细检查，以确定是否真有问题。如果是心理问题，应针对问题进行心理疏导，如果是生理问题，应及时进行物理治疗、矫正，以协助宝宝恢复正常的运动能力。

1. 学步心理发展缓慢的原因及其对策

小星已经一岁半了，但却是他那群玩伴中唯一还不会自己走路的小孩。小星能够扶着家具或在大人的搀扶下往前走，但就是没有办法自己一个人走路。小星的妈妈向医生求助，医生帮小星做了一番检查，发现小星的身体并没有问题，而小星的妈妈听到这样的检查结果，心里的担忧更加重了。

宝宝迟迟无法自己走路的原因很多，有些宝宝会因为曾经严重跌倒，而对走路这件事感到害怕，所以不敢轻易尝试；也有些则因为爬得太好了，反而不想大费周章地站起来学走。以上两点，都是属于宝宝学步心理发展缓慢的表现。

针对宝宝学步心理发展缓慢，父母可以利用以下几个方法鼓励孩子早日学会走路。

三 学走路摇摇摆摆

多练习。多花时间陪伴宝宝练习走路，先以双手，再逐步用单手扶着孩子，或用一条长毛巾穿过他腋下让他练习往前走。

多保护。可鼓励宝宝扶着家具站起来并往前走动，但家具必须稳固，走到尖角处时更要细心保护，父母可用胶布把尖角包住，以防宝宝撞到时受伤。

选好鞋。宝宝练习走路时，不要让他穿着过硬的鞋子，以免阻碍他的学习。学步车虽然很方便，但未必是理想的学步器材，因为宝宝的协调能力不佳，又不会控制速度，有可能会导致宝宝失速翻车，反而阻碍宝宝的学习进度。

多鼓励。当宝宝不想学站也不想学走时，千万不要轻视、责骂或嘲笑他，那样只会令他更害怕学习，父母应该多鼓励宝宝，协助他克服心中的恐惧。

多引导。如果宝宝对学习走路感到害怕，不妨趁他站立时，让他扶一件柔软、安全的玩具，或让他握着父母的手，借此分散宝宝的恐惧心理，当他一分神时，就可能不知不觉地向前迈开几步。此外，还可以利用宝宝喜爱的玩具来诱使他往前走。

2. 学步生理运动能力的缺陷及其对策

除了学步心理发展缓慢外，宝宝也有可能是生理问题造成的学步缓慢。

通常造成宝宝学步缓慢的生理问题包括下列数项：

O形腿。也就是我们常说的青蛙腿，这是每个刚学走路的孩子都会有的现象，他们的两膝之间都会有一些距离，只是有的距离比较大，有的比较小。而且O形腿在宝宝开始能够站立或走路时会变得更明显，但O形腿是宝宝成长过程中的一个暂时阶段，只要让宝宝摄取足够的维生素D和牛奶，随着腿部变得有力量能承担体重时，O形腿就会开始变直，这个问题便可获得改善。大约在两岁时，O形腿的问题就会完全消失，到三岁时，看起来就不再是O形腿了，取而代之的是膝盖朝内的问题。待六七岁的时候，孩子的双腿就已经成型并会保持这个形状至成年。因此父母不必太过于担心。

假如宝宝在两岁时，O形腿的问题没有得到改善且严重影响走路时，就该请医生进行详细检查。

外八字。许多父母在发现宝宝走路总是脚尖朝外时，就会心急地以为宝宝是不是有了什么严重的肢体问题。其实，宝宝刚学走路时，一定会出现脚尖朝外的情形，因为脚尖朝外可以增加身体的平衡，站立时也会比较有力量。而宝宝到了两三岁时，也会为了保持身体的平衡，在站立时，膝盖由向外弯曲变成向内弯曲，脚尖也由朝外变成朝内，走路的样子很像企鹅，一直要等到了五六岁，他们走路时脚尖才会朝向正前方。因此，对一两岁的学步儿，父母不要急于去问医矫正。

扁平足。宝宝在两岁以前，腿形呈现弯曲状是很正常的现象，所以当父母发现孩子的脚是外八字或扁平足时，不必过于大惊小怪。因为宝宝在成长初期，骨骼和关节都非常柔软，所以容

很多宝宝开始学走路时，总是用脚尖行走，大约在两岁半时，就会像一般人一样正常走路。如果孩子连站立不动时都踮着脚，父母就应该带孩子到医院进行检查。

易造成扁平足；此外，由于用来支撑脚的肌肉尚未完全成长，所以宝宝必须经常走路以强壮支撑脚的肌肉。扁平足不是缺陷或伤残，所以不要强迫孩子穿上特制的鞋子，只需让他们顺其自然地成长即可。但如果宝宝的脚很僵硬，会因走路疼痛而阻碍其行走意愿时，就应该带他到医院请医生进行检查。

用脚尖走路。我们常常会发现，很多学步儿在开始学走路时，总是用脚尖行走，脚掌从不平贴地面，有如在跳芭蕾舞一般。宝宝喜欢踮脚尖走路，是因为他们觉得那样很舒服，但并不会永远都这样行走，大约在两岁半时，就会像一般人一样正常走路。如果孩子一直改不掉用脚尖走路的习惯，或连站立都没有让脚掌平贴地面时，父母就应该带孩子到医院进行检查。

学步鞋、袜的选购

宝宝练习走路时，不要让他穿着过硬的鞋子，以免阻碍他的学习。学步车虽然很方便，但未必是理想的学步器材，因为宝宝的协调能力不佳，又不会控制速度，有可能会导致宝宝失速翻车，反而阻碍宝宝的学习进度。因此，学步鞋、袜的挑选对宝宝学步十分重要。

但是，父母们都知道为宝宝挑选合适的鞋子很重要，却不知该如何挑选。因此我们要懂一点学步鞋和袜子的知识。

首先要注意学步鞋和童鞋是不同类型的鞋子，它们的功能设计是不同的。学步鞋专指宝宝在学习行走阶段时穿的鞋子。如果宝宝能在没有大人的扶持下独立在外面行走的时候，就不需要穿学步鞋而是要穿硬胶底的童鞋了。

那什么是宝宝学走路的阶段呢？由于宝宝的个体发育有很大的差异，每个宝宝学走路的时间段是不同的，一般来说宝宝学走路是在出生后7至14个月内，过了这个时间段宝宝一般会走得很稳当而不需要穿学步鞋了。但有时候有些宝宝会提前或者延后这个时间段，这就要靠妈妈们对宝宝的观察了。

经常有妈妈把买大人鞋的观念套用在买学步鞋上，例如宝宝现在穿11公分的鞋子较合适，却非要买13公分的鞋子，想着这样能穿三个月，这是错误的。要知道，一个尺寸的学步鞋适合宝宝穿的时间段是45天左右，由于宝宝的脚长得快，再长一点的时间，鞋就不大合脚了。

此外，经我观察后发现，由于带宝宝出门买鞋是极麻烦的事，大多数的父母帮宝宝买鞋时，极少让宝宝试穿新鞋，而且不知道一定要让宝宝穿上袜子来试穿，才能买到真正合适的学步鞋，所以在这里要特别提醒：父母在挑选学步鞋时，也要注意挑选适合的袜子。

1. 买鞋注意事项

尺寸要有一点松动度。选学步鞋的尺寸一般有两种方法。

一种是"画脚定鞋"——让宝宝站在一张白纸上，在最长的脚趾前和脚后跟处各画一条线，然后用尺子量出两条线的距离有多少厘米，就可以换算学步鞋的码数了。

另一种是带着宝宝去试穿——宝宝穿上鞋后，大人先用手指捏一捏鞋子的最宽处，最理想的宽度是捏起来有一点点松动，太宽或太紧都不适合；接着再以大拇指按压宝宝最长的那根脚趾的鞋面，这时鞋面要有一根大拇指宽度的空间，这样的空间最适合宝宝脚指头的伸展。鞋跟的松度，则以能容下父母的小拇指最佳，父母将自己的小拇指插进宝宝的脚跟与鞋子之间，感觉不太紧也不太松即可。

鞋形要合脚。一般低统或平底鞋较好穿脱，但容易在走路时脱落，或容易因宝宝好奇而脱下来玩耍；而高统式的鞋子则不好穿脱，且会限制宝宝脚跟及脚踝的活动，因此，在为学步儿选购鞋子时，必须以宝宝的脚形及合穿为主，学步鞋一定要适合宝宝的脚形，且鞋头宽比鞋头窄理想，鞋子的后跟必须坚固，且需加有软垫布，以增加走路的舒适度，也可预防宝宝稚嫩的脚跟受伤，同时必须避免选购有鞋跟的鞋子，因为鞋跟会破坏学步儿的平衡与走路姿势。

材质要透气、轻盈。 大致来说学步鞋的材料分四大类，即聚氯乙烯塑料（PVC）、聚氨酯人造革（PU）、棉布和真皮。聚氯乙烯塑料表面看上去比较鲜亮一点，聚氨酯人造革表面上看比较暗色和高档一点，甚至于已经是接近真皮的质感了，也比较耐用。棉布、PU和真皮透气性好，可吸收脚底的汗水，保持脚底卫生、舒适，也不会因为脚底湿滑而滑倒或跌倒。此外，学步儿走路原本就不平稳，太重的鞋子会让他们走起路来更费力。

鞋底要防滑且有弹性。 鞋底的摩擦力愈大愈能防止宝宝滑倒，但摩擦力也不可过大到无法举步前进。一般而言，鞋底的摩擦力与光脚在地面上行走的感觉相近最为理想。如果购买的鞋子摩擦力不够，可用砂纸将鞋底磨粗，或在鞋底贴上防滑胶带。此外，鞋子的弹性也很重要，弹性佳的鞋子鞋尖处可轻易弯曲，有助于宝宝步伐的流畅。

让宝宝站起来试走。 试穿时，必须让宝宝站起来试走，这样宝宝的身体重量才能平均放在两脚上，同时必须检查宝宝脚趾的位置，确定脚趾没有弯曲。挑好鞋子后，要让宝宝穿着走走看，观察他走路时，鞋后跟是否会松脱掉下，或脚尖部位是否会拖地。

一般而言，最好每隔三至四个月，就帮宝宝换一双鞋，不过实际还是得视宝宝的成长速度而定。

2. 买袜注意事项

　　学步儿的袜子必须具有伸缩弹性与吸汗功能。

　　在选择大小时，不可太大或太小。太大的袜子往往没走几步路，便会挤在脚趾前端，容易绊倒宝宝；而太小的袜子就像裹脚布一样，会危害宝宝的脚掌成长。

四

爱探险东摸西碰

最可心的一句话

　　宝宝喜欢摸东摸西的习惯，并不会只局限在父母为他设立的范围里，而会扩及日常生活的起居方面。当宝宝违反了探索规则时，父母千万不要过度反应，否则只会鼓励宝宝更进一步地违反探索规则。宝宝特别喜欢看到大人激动的反应，为了重复看到那些反应，他会一再地违反规则。

防止养成东摸西碰的习惯

我的小女儿圆圆在学步时期，是个十足的好奇宝宝，不论看到什么东西，总忍不住要去摸一摸、碰一碰，并且往往会把东西弄坏，我真的很担心，害怕万一我一不注意时，她就会发生危险。

当家中有两三岁的宝宝时，我们最常听到的是"不可以碰"。但这对宝宝其实起不了什么作用，因为这个时期的宝宝是十足的探险家。他们以为这个世界上的东西都是可以自由探险的，因而经常好奇而弄坏了周围的物品。他们无法约束或控制自己不去碰、摸、捏、抓东西。

然而大人往往因为害怕宝宝发生危险，而阻止这样的探险行为。其实，大人大可不必限制宝宝对这个世界的探索，毕竟在这个阶段，宝宝必须用触摸的方式来了解世界而成长，所以大人除了要为他设立一个安全的探索环境外，也要设立探索的规则，然后鼓励宝宝尽情地去探索。

当然，宝宝可能会触摸有攻击性的动物，不懂得闪避行驶中的车子，会摸正在冒热气的水壶，会学大人拿剪刀剪东西……但生活中处处有危险，这个不懂躲避、没有任何安全防护意识的宝宝可能经常在父母不注意时受伤。面对这个凡事都要自己动手做的小"探险家"，父母应该为他打造一处安全、无障碍的探险环境，并引导他达成探险目标。

1. 设立安全的防范措施

设立安全防范措施的目的，不只是为了保护学步儿的安全，同时也保护家中的贵重物品。

为了让宝宝能自在地学习走路、安全地感受这个世界，父母必须将家中易碎的物品、价值昂贵的艺术品或精致物品收起来，或放到宝宝拿不到的地方；汤、水、果汁等液体食物，也要放在宝宝拿不到的地方。同时，要把家中的危险物品隔离出来。例如，把清洁剂、药品、刀具，容易碎裂的玻璃、陶瓷器皿等东西让宝宝摸一摸、嗅一嗅，满足他的好奇心后，再将这些危险物收放到宝宝接触不到的地方。

带宝宝出门时，要尽量避免到精品店或展售易碎物品的商店，若带宝宝到商店购买物品时，应想办法让宝宝的双手保持忙碌，不让他有机会乱摸乱碰东西。

此外，家具常常是导致宝宝受伤的元凶，所以要把家中所有宝宝可能碰撞到的尖角都套上松软的保护套。家中墙壁上的插座孔也要加上盖子，以防宝宝在把细小的手指放到嘴里吸吮后，又伸入插座孔，出现触电等危险。

2. 明定探索规则，并贯彻执行

如果不想将价值昂贵的精品收起来，那么就应该明确地制定探索规则。可是你也千万别期望宝宝能学会如何尊重及爱惜这些物品，毕竟要训练两三岁的小不点欣赏艺术品，实在是太早了一点。

训练他不准碰。 刻意在全家人共享的房间（如客厅）里，摆一两件美观但价值不大的物品，且要放在宝宝拿得到的地方，然后告诉他不经过大人同意绝对不可以摸。每当孩子接近时，就立刻告诉他"不准碰"，并向他解释这些物品不是玩具，不可以拿来玩。

允许他轻轻触摸。 有时候越禁止宝宝触摸某样东西，他就越渴望触摸它，想满足自己的好奇心。这时，父母不妨把这件物品拿到沙发或地毯等安全的地方，引导宝宝慢慢地、轻轻地碰触它，经过长期的训练后，孩子就会慢慢养成习惯。

增加探索的范围。 当宝宝能在安全的环境下尽情探险时，他就没有太多机会去碰触危险物品，但相对来说，其探索范围也可能因此缩小，久而久之，宝宝就会感到并不那么有趣。为了保持宝宝探索的好奇心，可以将环境做一点变化，让宝宝的好奇心持续不断。例如教孩子把玩具车按两轮、四轮或更多轮子分类，把必须剥皮的水果与外皮可吃的水果进行分类；或者转换一个话题，让孩子认识除了车轮子以外，还有哪些东西会滚动，同时找出各种不同形状和颜色的物品，一边跟孩子玩一边告诉孩子。

指导与监督并举。宝宝喜欢摸东摸西的习惯，并不会只局限在父母为他设立的范围里，而会扩及至日常生活的起居，例如，当他看到你挤牙膏或敲电脑键盘时，他也会跃跃欲试地想碰触这些东西。这时，父母可以教导他挤牙膏的方法，但必须在一旁监督，免得他把牙膏挤得到处都是；如果宝宝想敲电脑键盘时，父母可以先将桌上的文件收拾干净，让宝宝可以尽情地敲电脑键盘。有些父母可能不喜欢宝宝敲电脑键盘，但这也是一个让他学会探索的机会，不妨一试。

此外，还可以把适合宝宝探索的物品，例如图书、小洋娃娃、皮球等集中在一只箱子里或抽屉里，并放在宝宝随时可以拿得到的地方，让他可以尽情探索。或者让宝宝帮忙做一些简单的家务劳动，例如收衣服、折叠衣服、浇花等，不但可以满足宝宝的好奇心，同时也可以训练他良好的生活习惯。

不过，不论是多么简单的工作，父母都必须在一旁监督。

对宝宝违规不要过度反应。当宝宝违反了探索规则时，父母千万不要大惊小怪、过度反应，因为过度反应只会鼓励宝宝更进一步地违反探索规则。宝宝特别喜欢看到大人激动的反应，为了重复看到那些反应，他会一再地违反规则。比如，有些宝宝喜欢按电灯、电视或电脑的开关，这时父母不要因此而惩罚孩子，不妨就让孩子尽情享受家中电器按钮带来的改变。其实孩子是最容易厌倦熟悉事物的，时间长了，孩子自然就放弃了。

为了保持宝宝探索的好奇心，可以将环境做一点变化，让宝宝的好奇心持续不断。只要做好准备，就不会因为宝宝的东摸西碰而伤脑筋了。

避免宝宝东敲敲西打打

圆圆除了爱东摸西碰外，凡是能拿到手的东西，都喜欢敲敲打打。拿着汤匙敲打碗盘这种行为，我和先生早已见怪不怪；但她还会拿玩具敲打桌子、鱼缸、电视机，反正看到任何东西都要敲打一番才过瘾，这就令我提心吊胆了，害怕她敲坏东西或弄伤自己。

大部分的宝宝好像天生就是个鼓手似的，总喜欢整天敲敲打打。他们不仅热爱自己所制造出来的声音，更希望看到听众们惊喜的反应。但这些声音对大人而言，却不见得是美妙的音乐，有时反而是恼人的噪音。尤其当父母心情不好或需要专注于某件事情时，就会觉得这些"美妙的鼓声"特别刺耳，更别提宝宝敲打后散落一地的凌乱惨景。

虽然敲敲打打有助于宝宝的肌肉发展，可以消耗其无穷的精力，甚至未来还可能真的培养出杰出的鼓手，但为了让家中的成员可以过正常的生活，父母还是得对宝宝的敲打行为有所限制。

1. 禁止敲打危险物品

凡是电视机、电脑屏幕、电器用品、玻璃桌面、玻璃窗、碗盘、玻璃杯盘等，都是易碎且会造成严重伤害的物品，一旦发现宝宝敲打这些物品时，父母必须立即加以制止，但绝不要对宝宝大声吼叫，而是要态度轻柔且坚定地告诉他："不可以敲打！"通常宝宝无法在一开始就停止敲打的行为，依然会我行我素，这时父母就要带他远离他的"乐器"。

当然，宝宝不可能在第一次被制止后，就会永远记得父母的叮咛，不再敲打那些危险物品，他必须被一再地提醒，才会记住这个警告。在这段期间，宝宝也许会不停地测试父母的坚定程度，因此，父母的态度一定要明确且前后一致，以防宝宝有机会一再犯错。

2. 为宝宝准备安全的物品

当父母一再制止却无法阻挡宝宝享受敲打危险物品的乐趣时，不妨帮宝宝准备一些安全的物品，让他可以尽情地敲打。例如购买整组的安全玩具乐器，或把家中的旧锅子、木汤匙、短棍用厚布包裹起来，让宝宝在安全无虞的情况下快乐地敲打，同时敲打出来的声音也比较不刺耳。

3. 禁止宝宝在公共场所恣意敲打

宝宝热爱敲打的嗜好是不分地点的，到餐厅用餐时，所有的刀、叉、汤匙、餐盘就成了他的打击乐器，身为父母别无选择，必须忍受宝宝所制造的噪音，但餐厅里的其他客人却不见得有耐心忍受。

因此，带宝宝上餐厅用餐时，最好先将他的餐具移走，提供纸和蜡笔让他画画，或给他一本故事绘本，陪他读故事。如果父母忘了准备这些东西，也可以就地取材，利用餐巾纸和宝宝玩躲猫猫游戏，或扮演餐巾先生来转移宝宝的注意力。如果这些方法都无法奏效，宝宝还是吵闹着要敲打时，可以暂时把宝宝带到餐厅外面，等食物上桌后，再进餐厅用餐。

防止爱唱反调的行为

有位妈妈曾苦恼地对我说，她那正处于学步期的儿子非常爱唱反调，不论建议他或问他任何事情，他的回答永远都是一句

"不要"。他肚子饿了，问他要不要吃饭，他毫不思索就回答不要；尿急时，要带他上厕所，他的回答还是不要。那位妈妈觉得耐心已经快要被磨光了，很害怕自己有一天会失控。

除了"爸爸"、"妈妈"外，学步儿会讲的第一句话通常是"不要"，而且这句话很快就会变成他们的口头禅，这种情形其实与宝宝的生理机能和生活环境有关。对宝宝而言，表达"不"要远比"要"、"是"容易，因为把头左右摇动要比上下摇动来得简单；且在日常生活中，宝宝听到"不"的频率也比称赞的字来得多。

说"不"并不表示宝宝爱反抗、爱唱反调，而是通过说"不"的方式，向大人们显示他对自己新身份的发现，证明他是个小大人了，同时也在挑战大人们的权威。他们想通过这种方式来测试父母的耐心与底线，想知道自己的处理方式会得到什么样的结果。因此，对于父母的要求、命令或任何他想要的东西，他一律说"不"。

这个时期的宝宝所反抗的对象不会只有父母，同时还包括玩伴、兄弟姐妹和周围的人，大家全都成了他反抗的对象。但宝宝的反抗行为并不是因为父母或任何人所引起的，而是他成长过程中的必经阶段，也是宝宝人生阶段的第一个叛逆期，所以这只是短暂且无心的现象，父母不必过度担心。

当然，这种无止境地挑战权威，可能会让父母气到失控。幸运的是，大部分的宝宝在两三岁时已经开始懂得思考，因此爱唱反调的反抗行为大约也只持续五六个月，等这时期一过，父母也

四 爱探险东摸西碰

71

就可松口气了。但为了让父母不要在这短暂的时期里情绪失控，父母还是得设定规则来规范宝宝。

1. 阻止反抗行为的妙方

宝宝的反抗有时会让父母觉得很好玩，但对宝宝而言，反抗是一件很重要的事，并不是为了好玩而反抗，父母倒是应该以认真且尊重的态度来看待。面对宝宝的反抗行为，下列的建议若能应用在日常生活中，相信可以收到不错的成效。

给孩子一点小小的选择。 假如父母不想听到宝宝用"不"或否定性的字眼回答，那么发问时，不如给宝宝一些选择，例如，"你要戴红色的帽子还是黄色的帽子？"，"你想要哪一个玩具？超人还是甲虫？"

没得选择时，就不要给他选择。 当一件事没有讨价还价的余地时，就要明确地让宝宝知道。例如，到了该回家的时候了，与其问孩子"现在想不想回家"，"我们回家好不好"，不如说："回家的时间到了。"

改掉命令的口气。 任何人在面对另一个人不停地发号施令时，不免都会产生反抗的心理，与其告诉宝宝"你必须穿上外套"，不如告诉他："哇，你穿上这件外套实在太漂亮了！"或赞美他："你会自己穿外套哦，你真是聪明又厉害！"

千万别动怒。面对宝宝的反抗时，父母千万要保持冷静，发脾气只会把情况越弄越糟。在这场父母与宝宝的对峙中，只有身为成年人的父母，才有能力保持冷静，不让场面失控。父母必须尊重宝宝在这个时期的反抗，不可因他的反抗行为而惩罚他，而且还需找适当的时机告诉宝宝，就算他不愿意听从，也必须照你的话做。

尊重孩子说不的权利。大部分的父母总认为宝宝太小，还没有思考能力，无法判断好与坏，因此总以权力来支配宝宝，并认为这样才是负责任的父母。其实，这种态度有时会造成亲子双方两败俱伤，懂得尊重孩子反抗权利的父母才是好父母。当宝宝有越多的机会来决定自己的事时，他就越不需要对父母说不。例如如果他坚持夏天一定要穿厚背心，冬天就是不想穿外套，那就顺从他的意思，让他觉得挑战权威并没有想象中那么难，同时也让他自己休验不舒服的感觉。

下最后通牒。当孩子顽固反抗到底时，父母只能下最后通牒："我数到三，如果你还不听话，我就……"若孩子依然对你的最后通牒充耳不闻时，你就必须言出必行。

要坚持底线。父母不能无止境地顺从，不论宝宝如何难缠、顽固，父母都要求他遵守你所制定的常规，毕竟所有的让步都会让他觉得，挑战父母的权威底线是一件容易的事。一旦他超越常规时，父母就必须无视宝宝的抗议，重复地告诉他应该要做的事，让他知道，虽然他可以挑战父母的权威，但权威毕竟是权威，父母的顺从是有底线的，父母才是唯一掌控局势的人。

阻止反抗行为的妙方之一，是改掉命令的口气，以美好的
结果引导孩子参与或就范。

父母的自我规范。孩子自从一出生，接触多的人就是父母。因此，在他们成长的过程中，父母是他们最直接的模仿对象。而在日常生活中，宝宝若发现父母常用否定的字眼来回答问题，久而久之，他们也学会以否定的字眼和负面情绪来应对生活中的互动。所以，若要宝宝不使用否定性的字眼，父母就应该先约束自己的言行。

2. 设定合理的成长规则

面对宝宝的反抗行为，父母的教育态度常常会不同调。妈妈也许会觉得那是成长过程的必经阶段，不必过于严格看待或设定教条，但爸爸却认为应该给宝宝严格且清楚的限制。然而，严格的教条又令妈妈很担心，害怕孩子会觉得父母不爱他。

其实，大部分的宝宝都无法约束自己，所以需要制定规则加以规范，同时也是保护他们的安全。虽然宝宝无法持续地遵守规则，但规则可以让他们知道父母的要求，也能从这些规则中得到安全感。有了规则，宝宝在这个阶段就能开始学习适应父母的要求，未来会比较快乐，行为、品格也会比较端正。

当宝宝在有规则和限制的环境中成长时，他会比较容易感受到爱与安全感，且人缘也会比较好。而一个在没有规则、放纵环境中成长的孩子，当他到了别人家里或游乐场所游戏时，往往会不受欢迎。

不过，太多、太严格的规则就如同没有规则一样，不但对孩子毫无帮助，反而会造成反效果。因为这样的规则无疑是把家里变成警察学校，宝宝要么完全不理会或加以反抗，要么就是屈服于严苛的规则下，生怕动辄得咎，最后变成一个死气沉沉的孩子。被过度严格规则所约束的孩子，一旦面临规则以外的事情时，就会变得无法自我约束，导致日后没有能力对事情做出明智的抉择。

因此，订立规则必须合理公平，这样，实际执行起来才能收到效果；而专制、不合理的规则，只会造成宝宝日后的反抗行为。因此，设定规则时，内容必须适合自己的家庭形态，如此才能让亲子双方都感到愉快。

避免爱摔东西又爱玩秽物的举动

大女儿若若在两三岁时期，开始出现乱丢东西的坏习惯，每次只要把东西往地上用力丢下时，她就高兴得哈哈大笑。而令我感到很困扰的是，她不仅在家里用力乱摔东西，到了餐厅、超市或大卖场也一样，一拿到东西就往地上丢，而我也只能忍住怒火，跟在她后面收拾残局，还得不停地向人道歉。

美婷的儿子洋洋两岁七个月了，很喜欢把东西摔到地上，再把它捡起来，又用力摔到地上，直到东西被摔坏或被大人制止，洋洋才罢休。美婷百思不得其解，想不透洋洋到底从哪里学来这样的坏习惯，也很担心他会砸到别人或砸伤自己。

三岁的冠佑有一天突然莫名其妙地玩起一种游戏，而且还玩得不亦乐乎。他把身上的脏尿布脱下，然后玩起里面的秽物，他一点都不觉得脏臭，但妈妈却无法忍受，觉得这个孩子简直糟透了。

当人面对挫折或愤怒时，不论年龄多大，难免都会有想摔东西的冲动。然而，大部分成年人懂得反省、寻求健康的发泄渠道，而宝宝却因为语言表达能力不足，而且还没学习会如何处理情绪问题，因此遇到挫折时，喜欢乱丢东西、摔掷物品或玩脏东西，这些行为都是他们在对父母传达某种信息——告诉父母他遇到不愉快的事，或是告诉父母，他已经能够控制自己的肌肉……还有的宝宝纯粹只是因为摔东西或玩脏东西好玩。这时如果一味制止或用处罚来禁止这些行为，可能都无法收到良好的效果。父母应该试着找出原因，根据宝宝的不同目的，寻找不同的解决办法。

1. 防止喜欢乱丢东西的妙方

两三岁的宝宝，手指肌肉已有足够的控制能力，能将握在手中的物品放开，而丢东西则变成一个重要的实验。宝宝会开始思考："如果把东西丢到地上，那件东西会变成什么样？"丢东西除了能满足宝宝的好奇心外，也会让他们觉得非常好玩有趣。

乱丢东西对宝宝而言，是一种乐趣，但却可能惹来父母满腔的怒气，因为父母得不停地跟在后面收拾残局，搞得腰酸背痛。因此，建议父母不妨试试以下几个方法，应该能有效地让宝宝改掉乱丢东西的习惯。

把宝宝留在地面。宝宝让人觉得就像装了电池的玩具一样，永远都有用不完的精力，常常把父母搞得疲惫不堪。所以，当宝宝开始乱丢东西，而父母却没有情绪与精力收拾时，干脆就把他留在地上，让他尽情玩、尽情地丢，等他丢够了，父母再去收拾。这样做的效果还在于，宝宝可能因为坐在地上而无法享受从高处丢东西的乐趣，很快就会觉得无趣。

不要咆哮。一般而言，这个时期的宝宝正值人生第一个叛逆期，当他们发现某种行为会引起父母的怒火时，他们不但不会害怕，反而会乐此不疲地重施故技。当你了解宝宝这种叛逆心态时，你就会知道，大声咆哮是无法改变他们这个习惯的，你应该要表现出不在乎的态度，让宝宝觉得这个游戏很无趣，自然就会停止这个不良习惯。

把坏习惯变成游戏。当宝宝开始乱扔东西时，你可以给他玩"丢球"的游戏，让宝宝把带着细绳子的球扔出去，然后用细绳把球拉回来。对宝宝而言，虽然捡东西没有丢东西好玩，但至少可以让你不会感觉那么厌烦，也不用跟着收拾残局；或者和他玩"看谁捡得快"的游戏，宝宝把东西扔出去后，你故意和他去抢，然后让他先捡到，这样不但会让宝宝觉得好玩又有成就感，也可以慢慢改掉不捡东西的坏习惯。

把易碎品收起来。千万别让爱乱丢东西的宝宝轻易拿到易碎物品。进食时，也不要让宝宝使用玻璃、陶瓷类的碗盘，以免他弄伤自己。

2. 改掉摔掷物品的坏习惯

宝宝在学会一项新技能后，总会兴奋得一而再，再而三地演练。当父母刚开始看到自己的宝贝学会摔掷物品的新技能时，心中总是充满骄傲，暗自窃喜自己的宝贝未来必定是个厉害的小投手。只是时日一久，当发现宝宝不停摔坏东西，或因为摔掷东西而砸伤人时，父母很快就会觉得，孩子的这项新技能根本就是噩梦的开始。

如果父母发觉事态严重时，不要立刻严厉制止宝宝丢掷物品，因为那只会让情况变得更恶化，父母应该在不危及宝宝与家庭安全的前提下，鼓励宝宝练习这项摔掷技能。以下几点建议能协助父母将宝宝的坏习惯转变为良好习惯。

帮宝宝建立安全的摔掷环境。 摔掷技能可以训练宝宝的手眼协调能力，因此，父母可以在家里规划一处安全的投球环境，让宝宝练习丢球的技巧，同时消耗其过剩的精力。不过，这个时期的宝宝手眼协调能力并不成熟，所以不要急着训练他接球。

准备各种球具。 只要是橡皮类的球具都很适合宝宝丢掷、玩耍或练习投球，但绝不要选购太硬或太小的球，因为太硬的球容易让宝宝受伤，而太小的球容易被吞进肚子或卡在喉咙里。另外，海绵制的球具容易被宝宝咬开吞食，也不是理想的丢掷玩具，其他安全类玩具还包括小沙包、飞盘等。

不丢圆球就犯规。 父母必须很清楚地让宝宝明白，哪些东西是安全可以丢掷的，哪些东西是不可以丢掷的。如果宝宝丢的不是圆球类的玩具，你就该立刻喊"犯规"，然后告诉他："这是圆球，球和沙包可以丢；那是书，书不可以丢，书是用来阅读的，而且书本有好多尖角，把它当球丢会害人受伤。"

一犯规就出局。 当父母看到宝宝正在丢掷或正准备丢不允许丢掷的物品时，必须马上把那个物品拿开，然后简短扼要地向宝宝解释乱丢掷这件东西的后果。如果宝宝因为父母的制止而生气、大哭大闹，父母决不可以妥协，可以先拿其他适合丢掷的代替品给宝宝玩，以缓和宝宝的情绪，然后设法把宝宝的注意力转移到其他事物或活动上。

3. 避免玩脏东西的方法

只要是可以被压碎、挤压或可以到处泼洒的东西，对宝宝而言，就是最好玩的玩具，尤其是被父母禁止的东西，更能引发他们浓厚的兴趣。

如果宝宝某一天突然对玩尿布产生兴趣，接下来他们就势必会玩自己的秽物。这时，父母只能耐心地等待宝宝的这项兴趣消失，同时还可以配合以下几项方法，以加速减低宝宝玩脏东西的乐趣。

不要发怒。就算父母成功想到办法制止宝宝玩尿布里的秽物，但宝宝不可能从此就真的不玩了，依然会千方百计地探索，尤其看到父母越在乎、越生气，他就玩得越投入。所以，面对宝宝玩尿布里的排泄物时，父母务必控制好自己的情绪，千万不要发怒，以免激起宝宝更浓厚的探索兴趣。父母只需语气平静且清楚地让宝宝明白，他的这种行为是被禁止的。

不要让宝宝轻易拿到。帮宝宝垫尿布时，一定要把尿布保护好，不要让尿布松开或移动，必要时，可以利用别针将尿布和宝宝的上衣别在一起，牢牢固定住；或垫好尿布后，再穿上一件薄外裤，让宝宝无法把手伸进尿布里，这样宝宝就没机会玩尿布里的排泄物了。

抢在宝宝之前处理掉排泄物。大部分的宝宝都有固定的排泄习惯，有些是在一天的早晨时刻，有些在睡醒前，有些则是在用餐后。掌握了家中宝宝的排泄习惯，就可以设法在他排泄后及时把尿布换掉。

　　来一点机会教育。当宝宝要玩尿布里的排泄物时，父母可以趁机对他进行教育，告诉他排泄物的正确去向，教他认识厕所和使用厕所，同时立即把排泄物丢进马桶，顺便告诉宝宝"那是便便和尿尿的家"，然后引导他按冲水按钮。不过，宝宝有可能因此不再玩尿布，反而开始对马桶产生兴趣，而把能拿到手的东西都丢进马桶里，然后按冲水按钮把那些东西冲掉，所以父母还是得随时注意。

　　提供其他替代物。压、挤、洒这些动作对宝宝而言，都是难以抗拒的触觉体验。为了满足宝宝对这些体验的需求，也为了让宝宝对玩尿布里的秽物失去兴趣，父母不妨让宝宝玩其他具有同样效果的玩具，例如玩中药决明子做的沙盘、玩无毒性的胶泥等，这类玩具和游戏也能满足宝宝对触觉体验的需求。

防止爱尖叫又没耐性的行为

　　学步期的宝宝，正是好奇心最强的时期。他们会不断发掘自身的能力，挑战大人，并因此洋洋自得。其中尖叫、哭闹又没耐性，是他们共同的特征。

宝宝尖叫通常是不分场所的，不论在家里或外面，常常因为一个不如意，或因为没有立刻得到想要的东西，以致失去耐心而尖叫、哭闹，除了让父母很头痛外，也经常令旁人受不了。

1. 防止大声尖叫的良方

相信所有的父母都希望，宝宝生下来时就附带自动音量调节器，好让他们可以随时控制宝宝的音量。然而，对于尖叫这件事，宝宝的感觉似乎正好与父母相反，他们发现自己的声音有着不可限量的能力，于是乐得好好利用这项特异功能。高兴时，他们会用尖叫来表示；不高兴时，他们还是用尖叫来让你知道他生气了。而且尖叫还会传染，当一群宝宝在一起玩耍时，只要有一个宝宝带头尖叫，其他的宝宝也会跟着兴奋地尖叫，搞得周围的人或头痛不已，或哭笑不得，而他们却乐此不疲。

为了不让耳朵被尖叫声震聋，父母除了期待这些恼人的尖叫声能早日消失外，还可以利用一些方法，让这些声音就算无法完全停止，至少也可以降低分贝。

以身作则。尽量控制家中的噪音，维持在一定的音量下。例如，电视、收音机的音量不要开太大，夫妻之间避免争吵、吼叫。当宝宝开始尖叫时，父母要看着他的眼睛，非常轻声地叫他安静，父母往往会在被宝宝的吵闹声吵到受不了时，失控大吼，但这样的举动却反而像是在和宝宝进行噪音比赛一样，只会收到反效果。

把尖叫引向娱乐。当宝宝开始尖叫时，父母可以播放活泼的音乐，带着宝宝跟着音乐一起唱跳。唱唱跳跳是宝宝很喜欢的活动，就算他无法跟着旋律唱歌，也会跟着父母比手画脚地跳舞。如果是在户外，则可以教宝宝学习路上所听到的各种声音，如汽车声、狗叫声、猫叫声、风声等。

和宝宝玩悄悄话游戏。宝宝不懂得声音会恼人，也还未具备控制音量高低的能力，宝宝在这个阶段的主要工作就是玩，所以下次当宝宝又开始失声尖叫时，父母可以跟他玩"悄悄话"游戏，对着他的耳朵说一个字，然后要他也对着你的耳朵说同一个字。虽然宝宝不可能在一时之间学会控制音量高低，但这个游戏可以让他明白，除了尖锐的叫声外，音量也可以降到很低。

限制尖叫的地点。两三岁的宝宝已经开始有理解能力，也比较能够接受约束，父母只要在他尖叫时，就趁机教育他，什么地方可以尖叫，什么地方不可以尖叫，让宝宝了解"屋内的音量"与"屋外的音量"的观念，例如在房间里可以大叫，但在客厅不行；在游乐场可以大叫，但在餐厅不行。设定尖叫的地点总比全面禁止宝宝尖叫有效。

2. 合理对待情绪起伏不定

研究发现，学步儿的智能发展比体能要快，遇到问题时，可能已经懂得该如何解决，也会努力控制那些让他们感到苦恼的人和事。但是因为他们语言能力还不够成熟，无法完全地表达自己的想法，虽然懂得解决事情的方法，却无力执行。这种困境往往会让他们感到又生气又无奈。

一方面当孩子的情绪如此起伏不定的时候，总会让父母觉得他们又麻烦又难缠；另一方面对孩子自己而言，他们也觉得非常苦恼，因为他们还未学会如何处理自己的情绪。因此，父母应该明白，当孩子情绪最不稳定、最坏的时候，也就是最需要父母帮助的时候，父母应该协助孩子处理情绪问题，让他们慢慢学会如何面对自己的情绪。

父母首先应该鼓励宝宝用语言表达心里的想法。如果宝宝的语言能力不足，无法完全表达时，父母可以把他所说的单字或不完整的句子加以整理和补充，帮宝宝说出完整的心声。例如，当他因为拿不到罐子里的饼干而挫折闹脾气时，父母可以平静地说出他的心情："你拿不到饼干很生气，对不对？"或者说："你想要饼干，对不对？"宝宝的情绪会因为父母的理解及愿望的满足得以平静。

当宝宝的情绪一时之间无法得到缓解时，可以试着转移他的注意力，一旦宝宝的心声被解读出来或注意力被转移后，宝宝的情绪就会平静下来。同时，他也会慢慢学会处理情绪的方法。

3. 缓和宝宝"现在就要"情绪的妙法

大多数的宝宝都缺乏耐性，不管要什么东西，总要求父母立刻响应，若没有立刻得到响应，便大声哭闹。两岁之前的宝宝没有时间变化的观念，脑海里就只有现在。肚子饿了，他们要立刻喝牛奶、吃饼干；渴了，要立刻喝水、喝果汁。

到了两三岁时，宝宝们才开始能够理解与接受"等一下"的要求，但真的只等一下，让他等太久，他依然会吵闹不休。随着年龄渐渐增长，耐性也会慢慢增加，待三岁以后，当宝宝被要求等一下时，他们通常能够不吵不闹地等上一段时间，而且还会利用这段等待的时间玩玩具。所以，父母在面对学步期的孩子时，必须要有心理准备，接受他们现在就要的要求，但在等待宝宝耐心渐长的同时，父母也可以利用以下五点建议来缓和宝宝"现在就要"的情绪。

不能等的事情，就要立刻响应。对一个两三岁的宝宝而言，人生最重要的事是吃饱、睡足、玩游戏，当他们有这些方面的要求时，父母必须立刻响应，因为这对他们而言是一件天大的事，是不能等待的。但如果距离用餐时间只剩半个小时，而他们已经饿了想吃东西时，可以先给他们一些零食，等用餐时间到了，再和大家一起用餐。

分散宝宝的注意力。当宝宝提出要求而父母却无法立刻响应时，就可以设计一些游戏来分散他们的注意力，帮助他们度过等待的时间而不吵闹。例如，当宝宝在车上喊着要吃东西，而父母又没有准备时，可以先让他看着车外，指着车外的景物对他说，"你看，好大的车车。""那边有一只狗狗。""好大的树哦。"通常，宝宝会好奇地观看父母所指的东西，注意力也就被分散了。

如果宝宝要求的事情是无法立刻进行的，那就先把他们带离现场，一旦看不见，他们也就很快忘记了。例如，父母才刚擦完地板，他就想在湿湿的地板上玩球，这时父母可以先带他离开房间，让他在其他地方玩耍，他就会忘记要在湿地板上玩球的事了。

准备闹钟。因为宝宝没有时间观念，一分钟对他们而言就有如一个世纪那么长，因此为了避免引起宝宝的不耐烦，父母可以准备一个闹钟，让他来掌控时间，这样既可以帮助他建立时间观念，又能够缓和他不耐烦的情绪。例如，你答应他五分钟后要带他去逛大卖场，这时你就准备一个五分钟的闹钟，或把有声响的定时器（手机上有内置）定时五分钟，然后告诉他，等时间一到，你们立刻就去大卖场。不过父母必须信守承诺，否则以后他就不再相信你了。

做个有耐心的父母。在宝宝培养出耐心之前，父母必须要维持自己的耐心，当宝宝在公园里玩了一个下午后，你告诉他该回家了，而他却说"我还要玩"时，父母不要急着把他拖回家，而是可以多给几分钟的时间边玩边做心理准备，同时把闹钟拿出来设定为五分钟，然后告诉宝宝，他可以再玩五分钟，等闹钟一响，就一定要回家。这种相互妥协的方法，既可以让宝宝看到父母的耐心对待，也能同时满足宝宝想继续玩的心愿。

利用游戏及规则训练宝宝的各项能力

玩游戏可激发创造力和想象力，不论是叠积木、堆沙堡、玩过家家、玩布偶、拼拼图、捏陶土等，都可以让宝宝发挥想象力，进而探索世界的极限；还可以训练宝宝手部的精细动作和手眼协调能力。玩游戏时所需的走路、跑、跳、爬、投、接等活动，还能帮助宝宝发展大肌肉运动技巧，不但能培养宝宝的协调能力与运动能力，也奠定了未来生活的活动形态。

玩游戏还可以让宝宝更了解自己所生存的世界，通过玩游戏的方式，他们会从日常生活中学会观察与发现，学会测试与联想，学会空间概念、颜色，还学会明白因果关系等。

总之，这个时期宝宝最主要的工作就是玩游戏，这项工作非常有利于他们的身心发展，所以千万不要因为怕宝宝太疲累而不让他们玩游戏，反而应该让他们尽情地玩耍。

1. 游戏就是宝宝的人生

玩游戏除了让宝宝了解自己的世界，让他们有不同层面的学习外，对宝宝还有以下四个作用。

培养出自信心。当宝宝擅长于某种游戏时，为了享受胜利的成就感，他们通常会一玩再玩，甚至为了让自己得到更多胜利的机会，他们还会改变游戏规则。在尝试改变的过程中，因为没有大人在一旁指导，宝宝反而能够没有压力地不断尝试，并从错误中找到胜利的方法，进而培养出自信心。

有助于情感表达。在游戏的过程中，通过角色的扮演，宝宝通常能够表达出内心的喜怒哀乐、恐惧焦虑等情绪。例如：当宝宝在游戏中扮演的是一只受伤的动物时，他就能把要去看医生时的惊慌与焦虑表达出来。

刺激语言的发展。玩游戏是刺激宝宝语言发展非常有效的方法，因为在轻松的游戏过程中，宝宝最能够心情放松地与玩伴互动，并从中学习到丰富的语言。任何一种游戏都会让宝宝不停地听到并使用到重复的语言，包括谜语、卡车、玩偶、积木、超人、甲虫、跳绳、荡秋千、溜滑梯、爬上来、我的、你的、我们的、上面等，无形中会加速语言发展的能力。

建立社会技巧。玩游戏可以让宝宝在开始社会化之前，先累积社会经验。宝宝的第一个玩伴通常是不具敌意与威胁性的，例

在游戏过程中，可让宝宝扮演各种不同的身份，他们可以是医生、护士、老师、爸妈、消防队员、科学家……事实上，游戏的范围与内容几乎可以遍及生活中的所有领域。

如玩偶、超人玩具、恐龙或甲虫玩具、卡车、泰迪熊等，这些玩伴都是宝宝练习人际互动技巧的最佳工具，等到他们再长大一些时，就会开始与其他孩子一起玩游戏，会更进一步学习到分享、秩序、尊重他人、争取自我权利等人际互动行为，甚至当他们和父母、祖父母一起玩游戏时，也能学习到不同的社会技巧。不少研究显示，经常有父母陪伴玩游戏的宝宝，能够培养出比较良好的人际互动关系。

2. 避免玩游戏的混乱惨状

玩游戏对宝宝有许多益处，但也有令人难以忍受的一面，而这也是父母最感到恐怖的一面，那就是随之而来的混乱、失序和永远收拾不完的玩具。当父母看到宝宝快乐地玩玩具时，心里自然会感到很满足，但同时也会非常希望那些玩具永远不要再出现，因为在宝宝玩到尽兴后，就是父母悲惨时刻的开始——得不停地跟在孩子后面收拾积木、玩偶、拼图、大球小球、玩具汽车等，有时还会被玩具绊倒。

为了不让自己每天被宝宝搞到全身酸痛、疲惫不堪，父母可以想办法规范宝宝的游戏空间，训练宝宝在游戏结束后把玩具收好。但与此同时，父母还是得继续接受与忍受宝宝所带来的混乱与失序，毕竟训练是需要时间的。

规范游戏空间。最适合宝宝的游戏空间就是家中的客厅或起居室，因为宝宝游戏时很容易碰撞到家具，所以选择宽敞且视野清楚的地方当宝宝的游戏空间最佳，不但可以让宝宝尽情玩耍、乱丢玩具，父母也可以随时监视宝宝的安全，并便于教导宝宝收拾玩具。这些游戏空间最好铺上柔软的地毯，以保护宝宝游戏时的安全。此外，还可以准备一张小沙发、一张小桌子和几张小椅子，以便父母陪伴宝宝读书、说故事、拼拼图或画画。

为了让宝宝自然地待在父母所规范的游戏空间里玩耍，父母每天必须持之以恒地引导宝宝在这些地方玩游戏，让他了解玩具只能在这个游戏空间玩，并在游戏结束后，要求宝宝"让玩具回家"，将玩具归位。久而久之，当宝宝想玩游戏时，很自然就会来到父母所规范的游戏空间里。

有充足的玩具分类空间。在宝宝的游戏空间里，要准备充足的玩具分类容器，包括不同颜色的大篮子或收纳箱。如果买不到现成的，也可以自己动手，在箱子上贴上不同颜色的纸，然后规定宝宝一种颜色的收纳箱放一种玩具，例如，积木放在红色收纳箱、填充玩具放在黄色收纳箱、玩具汽车放在蓝色收纳箱、故事书放在小书架上……这样不但可以简化清理的时间，同时也能让宝宝学习辨识颜色。

玩过家家也是游戏的一部分。从玩具店里买一些锅碗瓢勺和布娃娃等，在家里的地板上将玩具的架子搭起来，像一个小家庭一样，然后让孩子当布娃娃的家长，和他一起玩过家家。比如让他上班、做饭、带孩子上医院等，使他亲身模拟体会，从小懂得做父母的艰辛。现在的孩子大多是独生子女，很难体会父母为他付出的一切，如果他能经常做做"父母"，这种亲身体验，会帮助他成熟，学会孝敬父母，自觉为父母承担家务。

宝宝因为年纪太小，所以在现实生活中什么事情都不能做，但通过玩游戏，他们可以尽情地做那些在现实生活中不能做的事，他们可以扮演爸爸妈妈、警察、医生、老师、超人、司机、工人……同时，还可以让孩子参与收拾与整理的工作，比如提鞋，把垃圾扔进垃圾箱等，培养孩子的责任心，提升他们的自尊心，增加他们的成就感，让他们认识这个世界，认同成人的角色。

四 爱探险东摸西碰

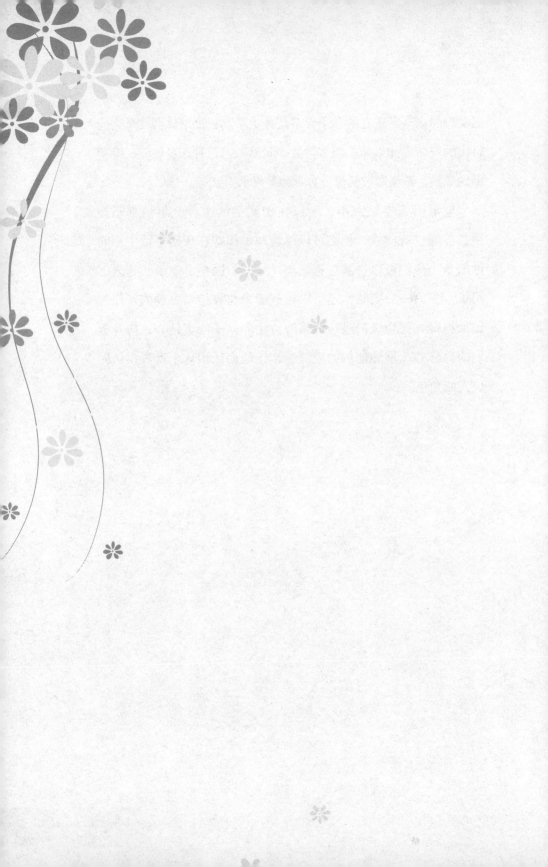

五

学如厕告别尿布

最可心的一句话

　　不论年纪大小，只要学习的动机一被启动，所有的学习就很容易成功，如果父母能配合孩子的情况来启动其学习动机，相信更能达到事半功倍的效果。对许多孩子而言，当他觉得使用马桶或蹲厕等于长大了，可以像爸爸妈妈、哥哥姐姐一样，他就会想赶快学会使用马桶。

正确训练宝宝如厕

每个宝宝开始训练如厕的时间都不一样，他们何时可以脱离尿布，应视每个宝宝的成熟度而定，有些宝宝早在一岁半时，就能够开始自己如厕，但有的直到两岁多，都还迟迟无法彻底脱离尿布。

因此，父母在准备训练宝宝如厕时，千万不要自我设限，不要认为孩子到了几岁就应该能够自己如厕，而必须等到孩子做好准备时再开始训练，一旦孩子准备好了，训练起来自然会事半功倍，否则到头来只会让自己感到失望及有挫折感。

1. 观察孩子准备好的迹象

孩子是否准备好接受如厕训练了呢？这其实只有孩子能告诉你，如厕训练就像爬行、走路、说话一样，是一项发展的课题，每个孩子都会根据自己的时间表来学习，如厕训练完成时间的快或慢，与其智力或其他能力发展的成功无关。比较早学会说话或走路的孩子，不一定就比较早学会坐马桶，而比较早学会坐马桶的孩子，也不一定就能比较早学会识字。大部分的孩子会在两三岁时准备好接受如厕训练，但有些孩子在一岁时，就已准备好接受如厕训练，而有些孩子甚至要到三岁以后才能做好准备。

因此，提早强迫宝宝接受如厕训练，也许会成功，但并非明智之举，此时的训练不但会带给孩子压力，更会造成孩子的反抗与过度挣扎，因此父母在训练孩子如厕的过程中，应该耐心等待，要让孩子扮演主角，并借此提高孩子的自尊心，让他为自己的成就骄傲。

为了确定开始如厕训练的时间是否适当，在父母为宝宝购买马桶之前，必须先查看宝宝是否已传递出准备好如厕训练的信息。

生理上的准备。大部分的宝宝到二十个月左右时，排泄系统早已成熟，如厕频繁而且比较容易预料，这表示宝宝已经准备好可以进行如厕训练了。

二十个月之前的孩子，因为排尿频率太高，还无法控制膀胱肌肉，不过当宝宝在白天可以连续一至两个小时保持尿布干爽，或偶尔在睡醒后仍维持尿布干爽，也能表示在生理上已做好开始如厕训练的准备。

规律性排便。有些宝宝习惯在早上醒来就排便，有些则是在吃完早餐或午餐后排便，当宝宝的排便习惯相当规律且可以预期时，就表示已准备好可以开始如厕训练了。

对大小便的功能开始有警觉。当宝宝在排便时，会发出哼声，露出特别的表情，或突然走到一个安静的角落蹲下来，甚至

当孩子对大人使用浴室感到好奇，且会跟着大人进浴室观看或试着模仿时，就表示他已准备好接受如厕训练了。

开口说"便便"等行为时，他就是在告诉父母：他可以开始如厕训练了。还未准备好如厕训练的小孩，当尿液流到他的脚上时，他会毫无反应，但对已经准备好的小孩，他则会看着自己的尿液，指着尿液并看着父母或看着尿液露出困惑的神情。

喜欢干爽的感觉。当宝宝忽然开始讨厌黏黏的手指和脸，开始对湿、脏的尿布产生厌恶感，并希望立刻换干净尿布，且会开始保持玩具的整洁时，就表示他准备好要接受如厕训练了。

理解重要的如厕用语。父母在准备训练宝宝如厕之前，务必教会他区别如厕用语，例如干与湿、干净与肮脏、上面与下面、前面与后面、大便与小便、尿布、马桶、卫生纸、臭臭，同时也要让宝宝熟悉如厕训练的相关身体部位，例如"小鸡鸡"（阴茎）、"生命通道"（阴道）、"小屁屁"（屁股）等。

模仿他人如厕。当孩子对家人使用浴室感到好奇，且会跟着家人进浴室并好奇地观看或试着模仿时，就表示他已准备好接受如厕训练了。

2. 训练前的准备工作

提前买好宝宝专用的小马桶（可用塑料小痰盂代替），放在孩子看得见的地方，然后以游戏的方式让他先认识马桶，并教他坐在上面"嗯嗯"。等大人要上厕所时，就把小马桶拿到厕所里，鼓励宝宝陪你一起上厕所，让他可以模仿大人的动作，同时渐渐习惯坐马桶的感觉。对于男孩子，可为他选购一个小便器，让父亲与他共用。

此外，父母可以请三四岁的孩子帮忙做示范，因为这个年纪的孩子通常会很骄傲自己会上厕所，因此只要你开口要求他，他一定会非常乐意示范给宝宝看，这个方法远比父母每天不停说教要有效。

3. 训练前的预习动作

经过一再检查，确认孩子已经发出可以接受如厕训练的信号后，父母就可以准备进入如厕训练前的预习阶段。不过在进入这一阶段前，父母必须确定孩子在生活上没有发生任何变化，例如，家中是否有新生儿降临或孩子刚好换新学校、家人生病，或发生其他严重的家庭问题等。当孩子的生活产生变化时，最好把如厕训练的时间延后；若孩子的身心都处于稳定的状态，那就准备进入如厕训练前的预习动作。

强调坐马桶的好处。用语言为孩子预先做好脱离尿布的准备，例如，"哇，你开始穿内裤了哦，你实在太棒了，我们终于可以和你的尿布说再见了。"或："只要你学会坐马桶，你就可以像爸爸妈妈、哥哥姐姐一样上厕所了"。但是不要贬低尿布，因为在如厕训练的过程中还难免会用到它。

鼓励长大的行为。 称赞宝宝"长大了"，可以让他对成人的行为产生兴趣，包括使用马桶、洗手、用杯子喝水而不溢出、收拾玩具、对手足或玩伴态度友善等。但不要过度期待宝宝的成熟行为，以为他的长大行为会持之以恒，特别是当家中有新生儿来临或当宝宝刚上幼儿园时，他那短暂的长大行为可能很快就会消失不见。

亲自为宝宝示范： 训练宝宝如厕不要光说不练，与其每天不停以语言方式教导他如厕的方法，还不如亲自示范，宝宝的模仿能力绝对优于对语言的理解能力，父母只要亲自示范几次，他很快就能够有样学样地如厕了。

选一个马桶座椅。 如果宝宝不喜欢父母帮忙选购的儿童专用马桶，而比较喜欢大人们使用的马桶时，父母不妨选购一个可以安装在一般马桶上的马桶座椅，选购时应注意尺寸是否适合家中的马桶，若尺寸不合会导致马桶座椅摇晃，从而吓到宝宝，让他日后不敢使用马桶。另外，父母还要购买一个固定的小矮凳，让宝宝可以独立上下马桶。

4. 坚持正向的训练方式

如果宝宝和父母都已准备就绪，接下来就要正式展开如厕训练了。虽然不同的孩子需要使用不同的方法，但以下的方式适用于大多数的孩子，父母只需要稍微调整，应该就能达成训练的最终目标。

让孩子自由地使用马桶。如果宝宝对坐马桶或使用蹲厕感到很不自在，产生好像是自己做错事被罚站在角落的感觉时，他就会反抗坐马桶或使用蹲厕，遇到孩子反抗时，父母可以拿一本童话故事书，然后念故事给他听，让他忘记被囚禁的感觉而坐久一点。不过，这个方法不见得对每个孩子都有效，因为有些孩子会太专心听故事而忘记坐马桶的目的。总之，在宝宝学会自如控制肠道和膀胱之前，他都会坐不住马桶。

仔细观察孩子的讯号。在训练宝宝如厕的初期，也许父母比孩子更能解读孩子的身体讯号，因此要由父母来观察宝宝的身体是否已发出讯号。若发现孩子出现想要大便或小便的讯号时，就问他："要不要上厕所？"如果孩子愿意，就带他到厕所，但大多数的宝宝都会回答"不要"，这时父母可以换个方式问话，试着跟他说："马桶小朋友等你一整天了，你都没有去找他玩，他很伤心哦，我们现在去找他吧。"然后带他到厕所。

掌握排便时间。不论是大人或宝宝的排便时间，其实都有规律性，有人习惯早上睡醒或午觉醒来时小便，有人习惯吃完早餐后要大便。父母可以注意观察孩子大小便的规律性，如此一来，便能在孩子大小便时间来临前，鼓励他去坐马桶或使用蹲厕，但绝对不要逼迫孩子。

启动孩子的学习动机。不论年纪大小，学习的动机一旦被启动，所有的学习就很容易成功，如果父母能配合孩子的情况来启动其学习动机，相信更能达到事半功倍的效果。对许多孩子而言，当他觉得使用马桶或蹲厕等于长大了，可以像爸爸妈妈、哥哥姐姐一样，他就会想赶快学会使用马桶。

有些宝宝则很适合采用奖励的方式来启发学习动机，例如，每次宝宝成功坐在马桶大小便，包括男孩子会用小便器时，就奖给他一张贴纸，或让他存一块钱到他的储钱罐里，等到他养成使用马桶的习惯后，再慢慢取消奖励。

适度的赞美。孩子能够在马桶上成功大小便，是一件令人高兴且值得赞美的事。赞美可以让孩子对如厕产生信心，激发他想使用马桶或蹲厕的动机，但千万不要过度赞美，以免孩子为了求表现，却偶尔做不到时，开始产生挫折感，进而讨厌使用马桶或蹲厕。

宝宝学习上厕所是一件人生大事，但这件事无法一次就学会，它需要长时间的训练才能养成固定习惯。因此，当宝宝偶尔忘记坐马桶或蹲厕而尿湿裤子或大便在裤子上时，父母也要轻松应对，以免给宝宝造成压力。

5. 要避免的负向训练

训练宝宝如厕时，千万不要操之过急，以免造成反效果。当父母开始训练宝宝如厕时，务必要注意以下几种状况。

不要强迫宝宝。当宝宝拒绝坐马桶时，请不要强迫他，就算他已经快要尿出来了，但还是坚持从马桶上站起来时，父母也不

学步儿不难带

要强迫他一定要坐下尿在马桶里。强迫宝宝坐马桶只会让他感到紧张，造成他便秘，且会让他对如厕训练产生负面印象。父母可以引导宝宝坐马桶，但最后还是得由他自己决定要不要坐。

虽然不可以强迫宝宝，但父母可以在适当时机想办法让宝宝成功如厕，例如，在宝宝手拿苹果专心看电视之际，如果观察到他要小便的信息，父母可以把幼童的马桶拿出来，然后对他说："我帮你拿苹果，这样你就可以脱裤子尿尿了。"在他反应过来之前，他已经坐上马桶并完成小便了。

不要责骂或处罚。由于宝宝还未学会控制肠道与膀胱，所以他可能会在马桶上坐好久却没有任何结果，可是一旦站起来却立刻尿出来；或是他就偏偏挑在父母最忙碌的时候想尿尿，却在父母放下忙碌的工作带他坐马桶时，连续坐了好几次都没有成功，到最后，父母可能会感到非常受挫，甚至冲动地想把满腔的怒火发泄在他身上。

当遇到这些情况时，父母必须冷静处理自己内心的挫折感，毕竟对正在学习如厕的宝宝而言，他还无法精确地解读身体所发出的讯号，如果父母对孩子的错误解读过度反应，只会让宝宝以后不敢再尝试解读自己的身体讯号，也不敢使用马桶。

要耐心等待。不要期待孩子能在数天内就完成如厕训练，大多数宝宝需要花上几周的时间才能完成训练，且在一开始训练时，会时而表现良好时而没有进步，因此父母不应过度期待，以免带给他压力，浇熄他学习的热情，也会折损他的自信心。一个肢体与心智都正常的宝宝一定能够学会使用马桶或蹲厕，就算一时之间无法学会，父母也不要放弃希望，多些耐心与等待，一定能看到成果。

勿借助药剂来达成目的。千万不要为了尽早达成宝宝的如厕训练，而对孩子使用违反自然的方法。有些父母会使用通便剂、栓剂或灌肠剂来帮助孩子排泄，但这其实是非常不明智的做法。药剂也许能收到一时的效果，但在使用药剂后，宝宝就不需要自己控制直肠与肛门肌肉，会导致迟迟无法学会自己排便。

不要将厕所变成战场。在宝宝如厕训练的过程中，父母和宝宝双方都难免会失去耐心而起争执，但争吵只会让双方更挣扎，对事情毫无帮助可言。如果孩子在如厕训练的过程中反抗到底，父母就得接受孩子尚未准备好的事实，并且暂时完全地放弃如厕训练；但如果孩子只是偶尔反抗，那么父母可以假装不在意，按照计划继续如厕训练。

当宝宝开始能够保持尿布干爽时，也是他开始喜欢干净的时刻。大部分的孩子先学会控制大便，然后才学会控制小便，而男孩子在控制小便方面会比女孩子慢一点。有些宝宝似乎是一夜之间就学会使用马桶，而极少有尿湿的意外发生；但有些反抗性特别强的小孩，或转变有困难的孩子，学习如厕的速度会比较缓慢，需要比较长的时间学习，对于这些小孩的父母而言，耐心就是成功的要素。

6. 预防半夜尿床

宝宝尿床是正常现象，虽然有些宝宝能够整夜不尿，但大部分的宝宝在夜里睡觉时，还是会无法控制地尿床，他们可能因为熟睡，接收不到身体的讯息而尿床。发现宝宝尿床时，处罚、生气或讥笑只会把问题扩大，父母应该耐心且体谅地看待尿床这件事，并相信宝宝未来一定能学会夜里不尿床。

为了避免常要在夜里起来换床单及帮宝宝换裤子，父母可采取以下的做法来减轻夜里的负担。

不要急着让宝宝脱离尿布，白天可以让他穿裤子，但晚上睡觉时不妨让他穿尿布，至少这样父母可以一夜好眠，不必半夜起来换床单、帮孩子换衣裤。

睡觉前两个小时不要让孩子喝任何饮料，睡前一定要带他上厕所。

在床上铺塑料垫，万一小孩半夜尿床时，只要换掉塑料垫就可以了。

为预防孩子半夜想小便，却又不想大老远走到浴室，父母可在孩子床边放个小马桶，方便孩子就近解决。

以具体的物品奖励孩子，也能帮助改善尿布的问题。睡前，在孩子的床头放一枚硬币或贴纸，并和孩子约定，如果他夜里不尿床，就可以得到贴纸或把硬币存到储钱罐里。

有时孩子会毫无原因地突然尿床，这时就要先带孩子到医院检查是不是尿道感染或其他疾病所引发，若宝宝的尿床问题并非疾病所引起时，就极可能是心理压力所导致。许多两三岁的宝宝，原本集父母的宠爱于一身，但随着弟妹的出生，父母无法再像以前那样全心全意地照顾他，或是宝宝刚上幼儿园不适应，这些状况都会导致宝宝开始出现尿床现象。

在孩子学会走路前，可能会花好几个星期或几个月的时间练习，跌倒的次数可能数都数不清。同样地，在孩子学会不尿裤子前，也会需要一段长时间的训练及无数次的失败、练习，直到宝宝的意识、专注、协调、肌肉控制等能力都能配合时，自然就不会再尿床。

六

学独立依依不舍

最可心的一句话

　　当父母对宝宝的关怀与注意越充足时，他就越不会黏着父母不放，所以父母可以多制造与宝宝相处的时光，只要一有空就多陪伴他，和他一起唱歌，说故事给他听，陪他一起玩游戏等，用充足的关怀协助孩子建立自信心及安全感，进而有勇气学习独立，渐渐地，孩子对父母的强烈依赖心也会随着时间减轻。一般而言，宝宝的依赖行为是很正常的，且大约会持续到上幼儿园后才会慢慢改善。所以父母不妨让他多接触其他人，好协助他早点独立。

产生分离焦虑的原因和对策

我的儿子快三岁了，但似乎变得越来越依赖我，只要我一离开他的视线，他就会立刻放声大哭。即便我在他的身边陪伴他，但只要我分心做其他事情，他就会拉我的手或抱我的脚，并开始磨蹭，企图不让我做事情。每次只要我一离开家，儿子就会放声大哭。有一次，我必须外出办事情，只好请保姆帮忙照顾几个小时。结果，他哭了将近一个小时，保姆不得已只好打电话叫我快回家。

当然，也有些父母所遇到的情况和上述不同，当父母和孩子分离时，孩子好像完全不受影响，不会黏父母，也不会哭闹。反倒是父母发觉自己很不自在，总想时刻守在孩子身边，每次和孩子分开时，都会令他们感到焦虑不安。

1. 缓和强烈的依赖行为

看着宝宝脱离奶瓶，学会走路、说话，然后学会坐马桶，父母会发现孩子愈来愈独立，似乎愈来愈不需要父母时，却又觉得他十分依赖父母，这的确是令父母感到困扰的事情。

眼看着两三岁的宝宝正在好奇地探索世界，却发现只要当他感到那个世界的威胁或压力时，他又立刻飞奔到父母的怀里。这是因为在探索过程中，他经历了受伤、挫折，知道世界比他想象的还要复杂许多，他不知道自己的能力是否能应付这个复杂的世界，因而开始产生不安全感，变得极端依赖照顾者。其实，宝宝这种既独立又依赖的矛盾现象是很正常而且合理的。孩子的世界虽然变大了，但父母仍是它的中心，这种现象会让父母感到很高兴，但却也是一项新负担，因为父母得一边工作，一边分心照顾正抱着自己的脚、可怜哭泣的宝宝，而在无法两者兼顾的情况下，父母只能怀着满腔的罪恶感，勉强地完成工作。

宝宝如此强烈的依赖心，不仅妨碍了父母的工作，也影响宝宝在身体、心智、情绪、社会关系上的成长发展。因此，在面对宝宝这段身心都困惑的时期，父母必须小心处理，必须给予孩子充足的安全感与支持，给他时间接受和处理其内心的不安全感，等到宝宝得到足够的安全感，有信心继续探索世界时，他就会慢慢独立自主，而极端依赖的性格也会渐渐改善。千万不要因为过度保护而影响其应有的成长发展。但父母该如何让宝宝带着信心，慢慢学习独立，不再对父母有强烈的依赖呢？以下几点建议值得父母参考。

给宝宝充足的关怀。当父母对宝宝的关怀与注意越充足时，他就越不会想要随时黏着父母不放，也不会独占父母的注意力，所以父母可以多创造与宝宝相处的时光，只要一有空就多陪伴他，和他一起唱歌，说故事给他听，陪他一起玩游戏等，用充足的关怀协助孩子建立自信心及安全感，进而有勇气学习独立，渐渐地，孩子对父母的强烈依赖心也会随着时间减轻。

让孩子专注在其他事物上。就算父母只是暂时从这个房间走到另一个房间而已，也要多找些事给宝宝做，例如让他玩可以一个人玩的游戏或活动，让他把心思分散到这件事情上。当他不再时时刻刻黏着父母时，父母就可以做点自己的事。

从容不迫的态度。父母往往会在不经意中把自身的焦虑传给宝宝，进而影响宝宝情绪的安定性。因此，父母不论遇到多么紧急的事而必须暂时离开孩子时，都务必保持冷静，并且面带微笑以从容不迫的态度和语调与他说话，然后与他告别。

当孩子执意黏着父母，哭闹着不让父母离开时，父母绝对不要对他流露出懊恼、烦躁的情绪，反而要以平静的语气对他说："不用担心，我很快就回来的。"接着父母就可以去做计划要做的工作，等工作完成后，也要以同样轻松的态度对他说："我回来了。"久而久之，孩子就会习惯父母的暂时离开而不会哭闹不休。

不要助长宝宝的依赖心。当宝宝越长越大，开始学习独立并探索、追求自己的世界时，父母可能会有种孩子不再需要自己的感觉，而舍不得放开孩子的手，一心想在孩子身边徘徊。许多父母暗地里很高兴宝宝对自己的依赖，但却未警觉这会助长孩子的依赖行为，所以父母必须随时自我提醒，要尽量避免期待宝宝对自己产生依赖心态，以免阻碍宝宝的成长发展。

如果上述方法都无法见效，宝宝依然片刻都无法与父母分离的话，那么就先让他依赖，再趁机开导他。例如当宝宝紧黏着父母不放时，父母可以向他解释："如果妈妈不去煮饭，你就没饭吃，会饿肚子哦。"一旦宝宝明白这种黏人的后果时，渐渐地，他就会停止这种依赖的行为。

一般而言，宝宝的依赖行为是很正常的，且大约会持续到上幼儿园后才会慢慢改善。所以父母不妨让他多接触其他人，好协助他早点独立。

2. 不愿融入群体活动的改善

有些宝宝能自在又快乐地与其他宝宝一起玩游戏，但有些宝宝即便在玩团体游戏时，仍然黏着父母不放。因此当父母看到其他小孩总是比自己的宝宝活泼，较会说话时，父母实在很难不拿自己的宝宝和别人的比较一番。

老实说，将自己的小孩和其他小孩比较，对自己的小孩是很不公平的。每个孩子都有独特性格与发展模式，父母应该尊重孩子的性情与现阶段的发展。正所谓"小时了了，大未必佳"，一个小时候喜欢交际的人，长大后未必会成为到处受欢迎的人；相对地，一个从小黏人的孩子，也未必会长成社会所不容的孤僻者。所以，父母实在不需操之过急。在学步儿阶段，父母只要给孩子足够的温暖关爱，让他有安全感，一旦他准备好了之后，自然就会展翅高飞。

下列几项建议也许能帮助父母改善宝宝不入群的问题。

先从一对一开始。当宝宝在玩团体游戏的过程中，一直黏着父母不放时，父母可以先改玩一对一的游戏，不要一下子就让他和一群小朋友玩。例如安排他一次和一个小朋友玩，让他一个一个认识他的玩伴，再找机会让他加入小朋友的游戏中，然后父母慢慢退到一旁观看。如果宝宝还是要黏着父母，可以暂时先让宝宝待在身边，几分钟后，再带他回到那群小朋友的游戏中。如此一再重复，直到宝宝感到安心、愿意加入团体游戏为止，即便他只玩十分钟也没有关系，只要宝宝跨越了这层障碍，渐渐地，他就会主动加入团体游戏中。

保持平静态度。就算宝宝整天黏着父母不放，缠人的程度令人心烦，父母也不可以骂他或露出不耐烦的神情，而是应该保持平静的态度，让宝宝明白，就算他不加入小朋友的游戏团体也没有关系，你不会因此就不再爱他。父母的平静态度可以舒缓宝宝的紧张心情，让他有安全感，增加他愿意加入团体游戏的信心。毕竟，父母和宝宝最初参加团体游戏的用意，是在于同乐而非自我折磨。

包容与服从。当宝宝完全不想加入团体游戏时，父母也要明白地告诉他，不论他是否要参加游戏，你都会无条件地包容他、爱他，绝不会因为他不加入团体游戏，就失去你对他的爱。假如他加入团体游戏，要求你不可以离开他的视线范围，你一定要服从他，因为这会令他更有安全感和信心。等他越来

改善宝宝黏人的方法之一，是先从一对一的游戏开始，安排他一次只
和一个小朋友玩，等到宝宝分别和所有的小朋友都熟稔后，再找机会
让他加入小朋友的团体游戏。

越专注在游戏中时，他可能就会忘记父母的存在，也就不会再整天黏着父母了。

让他随时看得到。好不容易让宝宝愿意加入团体游戏，也能够在游戏中玩上十几分钟，这时父母千万别以为孩子不会再黏着你，便决定离开他去做自己的事情。因为一旦孩子抬头找不到父母的身影时，他的安全感会顿时消失，从此便更牢地黏着父母。所以父母最好先留下来，还不时地出声赞美、鼓励他，直到你确定他能够自在地和小朋友们打成一片后，才可以短暂离开。

3. 分离焦虑情绪的平息

从宝宝出生那一天起，人生就伴随着一次又一次的分离，而且每个新阶段的成长都代表一次新的分离。断奶改吃固体食物，就代表着离开妈妈的乳房；学会爬、坐、走路，代表离开妈妈的怀抱；接着是上学、离家参加夏令营、大学在外租屋居住等，都是分离。因此，趁着孩子年幼时，协助他学习处理分离的场面，有助于孩子在未来处理不同阶段的分离情绪。

除了少数宝宝从未出现分离焦虑的情形外，一般而言，从十个月大至两岁之间，多数孩子在面对父母离开时，会出现分离焦虑的情绪，表现出明显的痛苦或忧郁，有些小孩的分离焦虑情绪则会延伸至三岁，甚至到更大的时候。这类患有分离焦虑情绪的宝宝，如果除了父母之外，得不到其他大人的关爱，或很少接触其他的大人，情况会变得更严重。

除了上述原因外，天生比较沉默、害羞、内向的宝宝，在与父母分开时，也会因心理压力而导致明显的分离焦虑现象。以下几项建议，可以帮助父母和宝宝解决分离时的焦虑问题。

重视宝宝的焦虑。当宝宝哭喊着求父母不要离开，留下来陪他时，父母要重视宝宝的焦虑情绪，但不要过度紧张，虽然父母的内心也会感到不忍，但仍得实事求是，该做的事还是要做。面对宝宝的分离焦虑时，父母应该保持冷静，并以同情的态度对待他，但还是要坚定地离开他，千万不要因为心软而误事。

建立安全感。不要为了让宝宝学习独立，而采取破釜沉舟的手段——经常离开他或故意让他长时间独处，这样的方式可能会让孩子还未真正学会独立，就已经变成一个极度没有安全感、情绪容易焦虑的孩子。当父母陪伴学步儿时，除非必要，否则不要随意离开他，尤其当宝宝遭遇生活上的转变与压力时，父母更需要加倍关爱孩子，尽量让他有安全感。有安全感的宝宝，在面对父母的离开时，比较不会出现焦虑情绪，同时学习独立的速度也会比父母的想象来得快。

从短暂的离别开始。为了不让宝宝在父母离开时感到焦虑，父母要让宝宝先从短暂的离开开始适应，然后再慢慢把分离的时间加长，且在父母离开之前，要让宝宝明白你只是暂时离开，很快就会回到他身边。

躲猫猫游戏就是一个短暂分离的好方法。刚开始玩躲猫猫时，父母躲藏的时间要短一点，让宝宝可以在焦虑情绪还未出现前，就看到父母出现。随着游戏的次数增加，父母躲藏的时间也可以增加，让宝宝在游戏过程中，渐渐习惯与适应分离，而不会产生焦虑失控。

别偷偷离开。很多父母为了不想和宝宝分离时，产生难分难舍的情况，总是等到宝宝不注意或睡着时，才偷偷离开。其实，这种方法只会收到反效果，不但让宝宝更缺乏安全感，也会让父母下次想离开时，更无法逃出宝宝的视线。父母应该从前面所介绍的方法中，把握每次和宝宝分离时的情景，用以帮助宝宝逐步建立信心与安全感。

收拾自己内心的愧疚感。每次和孩子分离时，都会令父母感到不舍，尤其当看到孩子哭着要父母留下来陪他时，父母内心里更会充满无限的愧疚。但在必须分离的情况下，父母的愧疚感，其实毫无建设性可言，不但无法舒缓孩子的焦虑情绪，反而会令宝宝觉得你离开他是错误行为，所以只要父母能找到值得信赖的人来帮忙照顾孩子，父母大可收拾自己的愧疚感，这样才能帮孩子解决焦虑问题。

别让宝宝掌控局势。很多父母为了安抚宝宝的哭闹行为，会尽可能满足宝宝的需求，而宝宝也很聪明地察觉到哭闹就是他掌控局势的最大筹码，也因此渐渐学会以哭闹来得到想要的东西。让宝宝学会"哭闹是无法得到想要的东西"的观念，对宝宝是很重要的童年课题，所以父母绝对不要因为孩子大哭大闹，就允许他为所欲为，而是应该按照上述方法，按部就班地进行，该与宝宝分开时，就不要三心二意，犹豫不决，要让孩子知道局势是由你掌控，同时也要让他习惯由别的人来照顾他。

4. 第一次分离的准备

　　许多家庭主妇在孩子出生后，照顾宝宝的工作从不假手于人，即便必须外出办事，也总是担心小孩的反应，更不放心把孩子暂时托给别人照顾，最后就带着孩子同行。其实，由保姆照顾孩子，孩子在情绪上的反应或许会比父母所预期的要好得多，在经历父母一年的陪伴后，也许他会发现，偶尔脱离父母的陪伴并非难事，而父母的不放心、不忍心，只会延后宝宝学习独立的时间，也让宝宝无法适应未来可能的分离情景。以下几项建议有助于宝宝调适第一次的分离。

　　预习分离。在宝宝做好分离的心理准备之前，父母必须让他预习分离，然后才开始与孩子的第一次分离，父母必须尽量让宝宝接触不同的同伴，不论是在家里、小区公共活动区域、游戏场等地方，父母都可以让孩子接触其他的大人与小孩，而父母只需在一旁注意孩子的安全即可。不过，当父母准备进行第一次明显的分离前，要先让孩子在家里习惯和父母分开。

　　与保姆沟通。在准备和孩子第一次分离前，可以先找一个有耐心、可靠、负责的保姆，即便在孩子哭闹不休的情况下，这位保姆依然能够保持耐心与慈爱。父母需先和保姆进行沟通，让她明白你的孩子不曾让外人照顾，所以她和孩子的初次接触可能会有激烈的状况发生，希望她不要因为孩子的难缠就打退堂鼓。接着，父母要详细向保姆说明孩子的习性和起居状况，哭闹时要如何安抚他，还有他喜欢的食物、饮料、玩具、故事等，让保姆可以尽快进入情况。

让孩子和保姆相处。 如果父母很担心把孩子留给保姆照顾，怕会引发孩子的焦虑情绪、哭闹不休，那么在父母单独留下孩子之前，可以先让他和保姆熟悉。当保姆来到家中时，就让保姆依照平时的模式和孩子相处、陪他玩游戏、念故事给他听，父母只要在一旁观察是否有需要协助的地方即可，等到孩子慢慢习惯保姆的陪伴后，再把他单独留给保姆，而父母则可以到另一个房间忙自己的事，但别离开太久，几分钟后就得回来，让孩子知道你仍然在他身边。

当孩子对父母的短暂离开没有出现情绪反应时，父母就可以增加离开的次数与时间，也可以到屋外浇花、打扫，大约二十分钟后，再从窗外观察屋内的孩子是否一切安好。如果孩子和保姆的相处很融洽，那么父母的下一个步骤就是离开家里，等半小时后再打电话回家确认孩子是否有哭闹，如果哭闹不止，父母就必须回家看看；如果孩子没有哭闹，父母就可以在外面多逗留一些时间再回家，回家后平静地对他说："你看，我出去了，可是又回来了。"让他明白"父母离开也会再回来"，日子和平常是一样的。

在预习分离的过程中，父母千万不要为了求方便，而等孩子睡着后才让保姆来家中，然后离开去做自己的事情，万一孩子突然醒来，发现有陌生人出现在他身边，却看不到父母的身影时，他可能会受到惊吓，觉得被父母抛弃。

5. 克服父母自身的分离焦虑

分离焦虑并不只会发生在孩子身上，对许多父母而言，当他们与宝宝分离时，一样会出现情绪焦虑。父母离开宝宝时会出现分离焦虑的原因很多，但最本能的原因是为了保护宝宝，正如母狮保护幼狮、母鸡会在小鸡身边徘徊、母狗会保护刚出生的小狗一样。除了动物性的本能的原因外，人类还有许多较为复杂、难以解释的原因，父母必须一一找出自己与宝宝分离所产生焦虑的原因，才能处理好分离的情绪。以下是几个常见的因素：

不愿意放手。大部分的父母都非常热衷于亲子关系的经营，有时甚至会过度重视亲子关系，以致亲子关系经营的重要性超越生活中的任何事情。在孩子出生后的前两年，这种关系的经营的确能为父母带来非常快乐的时光，但长期而言，此种不愿意放手的行为，不但会让宝宝丧失学习独立的机会，也会阻碍父母的自我成长。孩子终究还是会与父母分离的，不论父母愿不愿意接受、能不能面对，它都无法避免地会发生。

不放心把宝宝交给别人照顾。许多父母心里都会认为把孩子交给保姆或其他家人照顾，他们能像我这样有耐心又有爱心地照顾他吗？他们有能力保护并教育我的小孩吗？事实上，只要父母谨慎地挑选并训练保姆，清楚地和保姆交代你的要求，孩子自然就能受到良好的照顾。

对离开宝宝有罪恶感。不论是因为财务、情感或工作因素而必须离开，父母心中对离开宝宝都难免会产生愧疚感。其实，父母平常在家时，只要能够给宝宝充分的爱与关注，外出时仍然能安排好照顾他，这样就是很棒的父母了，大可不必因为偶尔分离而产生愧疚感。更何况，和孩子分离对亲子双方都有帮助，对孩子而言，他可以借此机会和外人接触，扩展其世界；对父母而言，则可以回到正常的人际关系。

其实，宝宝在与父母分离时的难过眼泪只是一时的，只要父母踏出家门后，孩子的哭闹不会持续很长时间，没什么好担心的。

对保姆产生嫉妒感。父母会希望为宝宝找到最好的照顾者，一个有爱心、负责任、注意孩子的人，能让父母不在孩子身边时，孩子也不会因为太想念父母而焦虑哭闹。然而，当父母真的找到一位非常理想的保姆时，父母的内心深处又常会暗自担心，害怕保姆表现得太好，让孩子对她产生强烈的依赖感，最后取代了父母在孩子心中的地位，成为孩子最喜爱的人，所以父母虽然希望看到孩子整天过得很快乐，但看到他那么快乐，有时心里却又觉得不舒服。父母当然也希望在早晨出门上班时，可以轻松愉快地和孩子分离，但看到孩子丝毫不会舍不得和父母分离时，父母又难免会感到自尊受伤。

很多父母都经历过此种复杂心理反应的阶段。其实，虽然其他人能够把孩子照顾得很好，但再小的孩子也清楚，没有任何人可以取代父母在他们心中的地位，保姆也许会来来去去，但父母却会永远陪伴他，所以当孩子依赖保姆时，父母应该高兴自己做了正确的选择，让孩子得到更多人的爱与照顾；当父母下班回家时，看到孩子和保姆玩得很开心，对自己却视若无睹时，就把它当成是孩子适应良好的反应。总之，父母要感到高兴欣慰，因为孩子每天都很快乐。

6. 化解幼儿园的分离焦虑

女儿上幼儿园至今已经快一个月了，但每天早上我在幼儿园要和她道别时，她就崩溃痛哭，让我心里充满愧疚，很不忍心对她说再见。但每天下午我去接她放学时，老师却都告诉我，女儿在幼儿园里整天都很好，很快乐。

由此可见，问题并非出在幼儿园的课程安排上，而是孩子的分离焦虑情绪在作祟，这种情绪令孩子害怕父母将他单独留下，但当父母不在他身边时，他其实又可以过得很好。

两三岁的宝宝已到了上幼儿园的年纪，会体验到更清楚的分离经验，这时必须有家人及更多旁人的支持与体谅，才能让孩子安心地接受这种分分合合的情形。但在此之前，建议父母可以尝试下列数种方法，以缓和孩子与父母分离时的难分难舍。

确保孩子有充足的睡眠。要确保孩子在上学前有足够的睡眠，且能好好地吃早餐，毕竟疲倦及饥饿的小孩都会比较黏人。此外，在带孩子出门前，也一定要给他一两个温暖的拥抱及友善轻松的交谈。

带安慰物上学。如果幼儿园允许的话，就让孩子带他最心爱的玩具当安慰物，好让他的心理不会过度恐惧，例如一条孩子最喜欢的小毯子、一个特殊的布偶或玩具，这些东西能成为家里与学校之间的桥梁。如果孩子喜欢的安慰物太大不容易带出门，就让他带一件父母的东西，例如一条手帕、一张父母的照片、一张父母画的图等，这样也可以让孩子较容易和父母分开。在这个过渡时期，这些安慰物可以让孩子得到精神上的支持，协助他克服对分离焦虑的恐惧。

千万别提起分离的事情。在送孩子去幼儿园或幼儿园途中，要尽量和他讲一些快乐或他期待的事，例如，"今天幼儿园里有个小朋友过生日，有蛋糕吃哦。""今天有画画课，你想好要画什么了吗？"你还可以和孩子聊聊路上有趣好玩的事情……等到了幼儿园门口时，再告诉孩子什么时候会去接他。总之，在上学途中，要尽量强调上学是多么有趣的事，千万别在上学前就引发孩子的分离焦虑情绪。

降低负面的感觉。当孩子心里正遭受分离焦虑的煎熬时，父母必须让他明白这种舍不得分离的感觉是很正常的，绝对不要嘲笑或责备他，也不要对他威胁或利诱，例如不要对孩子说，"你

如果幼儿园允许的话，就让孩子带他最心爱的玩具当安慰物，好让他的心里不会过度恐惧。

再哭的话，放学回家就不让你看动画片。""如果你不哭的话，放学后，我就带你去吃大餐。"虽然威胁或利诱能收到一时的效果，但却会养成孩子必须有利益交换才愿意表现良好的毛病；再者，父母的威胁只是让孩子隐藏自己的感觉，并没有让孩子真正面对并解决问题。

坚定离开，别回头。送孩子到幼儿园门口后，父母一定要迅速且从容地向孩子道别，然后坚定地转身离开，千万别回头。因为父母一旦回头看到孩子哭声凄惨地哀求不要离开时，父母就会产生纠结的心理，和孩子也就更难分难舍了。如果父母真的不放心，那么就找一个孩子看不到的地方，观察他是否继续哭泣不止，也许你很快就会看到一个破涕为笑的小孩。当你发现他仍是哭闹不休时，也不要冲上前安抚他，而是离开后再私下打电话问老师有关孩子的适应情况，也许你得到的答案，是你的孩子和其他小朋友玩在一起以后，就把焦虑的情绪抛到脑后了；但如果答案不是这样，那父母就得和老师配合，另约时间一起找出解决的办法。

准时接孩子回家。宝宝是没有时间观念的，在幼儿园放学后，若他没有看到父母出现在门口等他，即便只是几分钟的时间，他也会觉得是无止境的处罚。尤其，当他看到其他小朋友都已经被爸爸妈妈接走时，他内心的焦虑就会愈升愈高，自然地，以后每个早上在幼儿园门口，他就更不愿意放你离开了。还有很重要的一点是，不论父母遇到什么严重的难题，当你去接他放学时，脸上绝不要流露出不愉快、不耐烦的神情，而是要神情愉快地迎接他，让他觉得你很期待看到他。

有时孩子不想上幼儿园是有隐藏性的原因，也许是疾病导致他不想去幼儿园，也许是随着环境改变而来的压力，或者是他无法适应幼儿园的课程或某些老师。不论是什么问题，父母都必须一一找出原因，并加以解决。

七

我家有只小暴龙

最可心的一句话

　　学步期，是宝宝人生的重要里程碑。在此期间，宝宝的生命变得非常丰富，人生的许多第一次都在此时发生——开始学会说话、开始学会走路、开始学会自己吃饭、开始学会分辨人我好恶、开始学会上厕所，也开始感受到嫉妒、愤怒的情绪……在这一阶段，父母一定要细心观察。发觉事情不对劲时，就要仔细找出问题的症结，才能帮助孩子避开成长过程中的许多挫折与压力。

两岁半的盼盼是独生女，很容易生气，总是没有原因地乱打人。当她周围有其他小孩时，她就会变得很有攻击性。在游戏场里，如果有其他小孩想从她手上拿走玩具，她就会出手打人。几天前，她在公园玩溜滑梯，有一个孩子不小心撞到她，她立刻生气地哇哇大叫，顺手一推，就把那个小孩推倒在地。她还很不合群，不愿意跟其他的小孩玩。

　　观察一段时间后，盼盼的妈妈发现，盼盼这些行为很像小伟。小伟是他们邻居的小孩，年纪比盼盼大两岁，是个"飞扬跋扈"的小孩，总是霸占所有的玩具，不愿与其他小孩分享。在看到其他小孩拿走玩具时，他也会出现攻击性的行为。每次，小伟与盼盼抢夺玩具时，盼盼的妈妈就会立刻提醒小伟要将玩具和别的小朋友分享，但她忘了也应该提醒一下自己的女儿。

　　盼盼妈妈的猜测是对的。学步期的幼儿的确很容易模仿其他小孩的行为，具有攻击性行为的小伟对盼盼的推人打人的行为有一定程度的不良影响。对此，盼盼的妈妈始终没有找到合适的处理对策，只是在盼盼每次打人或推撞别的小孩时，将她带离现场。但这种方式对盼盼似乎产生不了效果，盼盼的"暴力行为"越来越激烈。最后，盼盼的妈妈只得求教幼儿成长教育专家。在专家的协助下，才知道作为学步儿的盼盼推撞、打人、爱生气的行为，并不完全是小伟的影响所致。

　　学步期，是宝宝人生的重要里程碑。在此期间，宝宝的生命变得非常丰富，人生的许多第一次都在此时发生——开始学会说话、开始学会走路、开始学会自己吃饭、开始学会分辨人我好恶、开始学会上厕所，也开始感受到嫉妒、愤怒的情绪……

在这一阶段，父母一定要细心观察。发觉事情不对劲时，就要仔细找出问题的症结，才能帮助孩子避开成长过程中的许多挫折与压力。

父母在解决问题前，应该先思考下列几个问题：

这种情形持续多久了？

是什么原因导致孩子出现这些行为？

过去你都如何解决这类问题？

你是否对孩子的这些行为表现得无动于衷，或认为每个孩子都如此，觉得这是成长阶段的必然现象？

面对容易情绪失控、产生比较严重的侵略性行为的学步儿，父母不能总抱着鸵鸟心态而不加以制止，并且自欺欺人地认为，等孩子长大就会好了。如果不加以有效教育，有些孩子即使已过了学步阶段，这些侵略性行为仍会继续保持，并且这些行为会持续影响孩子，给孩子的正常个性发展带来不良后果。

其实，不论是什么因素所导致，只要孩子出现打人、咬人、推撞等侵略性行为，或动不动就闹脾气、说谎、偷东西时，父母都要抓住这些现象搜集线索，仔细观察孩子的天生气质与行为，以及孩子在出现不当行为时的情绪反应。只有找到导致孩子行为异常、情绪失控的线索，才能以正向的态度、正确的方法，教育孩子，协助孩子改善问题。

小·暴龙的攻击性及对策

我儿子不知怎么了，最近似乎变得很粗暴，每当他和其他小朋友一起玩时，他对玩伴总是又打又抓，再不然就是用力推他们，完全不留空间给别人，所以经常引起玩伴的不满。我们夫妻都是个性温和的人，对他这样的转变感到百思不解，既惊讶又担心、困扰。

我女儿在和小朋友们游戏时，如果看到喜欢的玩具总会强行抢来玩，如果其他小朋友不把玩具分给她，她就会生气地咬人。为此，我们处罚了她好多次，但每次她都会乖上几天，然后又故态复萌，令我们头痛不已。

1. 攻击行为产生的原因

造成学步儿侵略性行为的原因很多，但父母大可不必过于担心，因为侵略性行为可能是学步时期特有的现象，并不能就此断定他未来的人格。但这也不表示父母就可以放纵宝宝的侵略性行为，父母仍得谨慎应对，找出导致宝宝侵略性行为的原因，而导致此种行为的原因大致如下：

缺乏语言表达能力。研究发现，学步期宝宝的智能发展比体能要快，遇到问题时，可能已经懂得该如何解决，也会努力控制那些让他们感到苦恼的人和事。但是因为他们语言能力还不够成熟，虽然已经会说话，但他所记忆的词汇有限，无法清楚表达自己的感觉、需求、欲望和想法，或无法挺身为自己的行为辩解。这种困境往往会让他们感到又生气又无奈，所以无可避免地，宝宝会选择以肢体动作来代替语言，这样能更清楚、更成功地表达他的想法。

无法抑制冲动。虽然两三岁的宝宝被打时会痛得大哭，但无法因此就压抑其内心打人的冲动。当成人遇到不公平的对待时，内心会有想报复的冲动，但因为心智比较成熟，也了解社会规范，所以不会做违反社会规范的事；但宝宝不像成人，他们还未学会控制自己的情绪，因此在受到攻击时，就会冲动地展开攻击行动。

自我为中心。学步期的宝宝缺乏同理心，还不懂从别人的角度看世界，无法理解每个人都有不同的想法，总以自我为中心，无视他人的存在，对别人的痛苦也毫无感觉，他以为别人所想的、所看的、所感受到的，全都和他一样。例如，玩捉迷藏时，他会躲在一片墙的后面，却把头伸出墙外，偷偷看你是否有发现他；又或者把头躲进棉被里，屁股露在棉被外面，却以为自己躲得很好，别人绝对找不到他；再不然就是把最心爱的玩具或糖果送给你，以为他最心爱的东西，别人也一定都会喜欢。当然，宝宝也会为了满足自己的需求或方便，而毫不思索地攻击玩伴。

无法处理挫折感。宝宝在不断接触社会的时候会发现自己会因各种原因没办法掌控社会，或者虽然懂得解决事情的方法，却无力执行。他们开始感觉到生活中的各种挫折。当宝宝无法随心所欲地控制自己所面临的情况，或不知道该如何处理所面临的问题时，他们也觉得非常苦恼，却无能为力，只能用他唯一知道的方式来反应，通过各种不良情绪、侵略性行为等疏解烦恼。如殴打或推抓那个正拿他想要的玩具的玩伴，或揍那个玩伴，或把挡在他与电视屏幕中间的弟妹推开。

缺乏因果观念。学步期的宝宝因为缺乏因果观念，虽然在他把同伴弄哭之后也会很后悔，但他就是无法在一开始就精算到会有这种负面的后果，而不对玩伴动粗。对于弄哭同伴这件事，也许他的想法是："小华真爱哭，我打她，她就哭了；可是冠冠被我打时，他都没哭。"

过度约束或过度不约束。当宝宝被过度约束，总无法做自己想做的事情时，他的挫折感会与日俱增，最后导致侵略的倾向；相反地，有些父母对宝宝从不设限，过度自由地放任宝宝，以致无意间鼓励宝宝为所欲为的行为，包括可以随意打人。

缺乏关心与爱。父母充分的关心与爱，是宝宝建立安全感与自信心的最重要来源，当宝宝表现良好却未能得到应有的注意与称赞时，他会为了吸引大人的注意力而出现攻击行为。

教育者的负面身教。当宝宝的父母无法尽到养育责任，或婚姻出现裂痕导致家庭气氛不愉快，或周围的大人罹患忧郁症、酗酒、滥用药物等问题时，都会对宝宝造成负面影响。此外，如果父母本身的价值观或行为偏差时，宝宝也会在耳濡目染下，产生偏差的行为。

了解导致宝宝出现侵略性行为的原因后，父母就可以针对问题来协助宝宝改善侵略性行为。比如，父母应该温和且坚定地让他知道，世界并不是以他为中心。他必须按照周围人的规则办事，顺应群体及社会的生活习惯，不能侵犯别人。再比如，当宝宝出现情绪失控现象，一时之间无法得到缓解，甚至出现侵略性行为时，父母可以试着转移他的注意力。但如果父母尽了最大的努力却仍不见效果，或宝宝的侵略行为更胜以往，或他对伤害同伴丝毫不感到后悔，甚至还变本加厉地沉迷于伤害别人时，父母就得找医生详谈。当宝宝的偏差行为已严重到成为问题，而父母却迟迟未带孩子接受治疗，日后可能会更加难以收拾。

有些父母觉得宝宝的侵略行为没有什么大不了，甚至还鼓励孩子的这种行为，因为他们觉得宝宝时期就具侵略性，长大后不但不会被欺负，还可能有领导风范，成就也会颇高。这样的观念其实是大错特错，因为侵略性强的宝宝通常人缘不好，也比较不受同伴、老师及其他家长的欢迎，反而会令宝宝的自尊更加受伤。

2. 纠正动手动脚的沟通方式

活泼好动的学步儿总是随时随地都在探索世界，就连玩伴也是他的探索对象，因此他难免会对玩伴推拉、戳刺，但他并没有要伤害玩伴的意思，他只是不知道这样做是不礼貌的，也无法体会对方的感受。

还有些学步儿喜欢用身体碰撞别人，那是因为他的语言表达能力有限，干脆用身体碰撞的方式来表达，例如，打招呼时，他不会说"你好吗"，反而是用手戳玩伴表示打招呼；当他想邀玩伴看新玩具时，他也因为无法清楚表达，干脆直接用力把玩伴拉到游戏间。虽然孩子的出发点没有恶意，但这种动手动脚的沟通方式往往会导致误解，不被接受，进而招致报复，因此当学步儿出现这种动手动脚的问题时，不妨试试下列几项建议。

检视父母与孩子的互动方式。父母可以仔细想想自己平日与学步儿的相处方式，是否在他不想离开某处或某地方时，你曾用力拉着他的手臂，强迫他离开？是否当他在团体游戏推撞其他小朋友时，你就硬拉着他离开？是否经常对他又捏又戳地嬉闹玩耍？如果这些情况都曾发生过，那就表示宝宝动手动脚的行为是模仿大人而来，如果父母希望孩子待人温和有礼，那么大人就必须以身作则。

教导的方式在任何场所都一致。在家里时，有许多父母会比较纵容孩子有较粗暴的举动，但在外面却严格要求孩子必须举止有礼，这种管教方式相互矛盾，常会令宝宝感到困惑、无所适从。其实，父母应该让宝宝明白，许多行为不论是在家里或外面，都是不被接受与允许的，父母应该教导孩子正确的肢体接触动作，例如拥抱、抚拍、握手或拉手等，这些动作会让别人感觉舒服、喜欢；而推、捏、撞、抓、拉扯等，都是令人感到不舒服、疼痛的动作。此外，父母也要教导孩子，语言才是最能引起别人注意的方式，当同伴对他做出令他不舒服的动作时，他要勇敢地说："我会痛，请停止。"

培养宝宝良好的社交风度。要协助宝宝培养良好的社交风度，不一定要在外面和其他小朋友互动才能办到，平日在家中，父母就应以身作则，和孩子以礼相待：每天早上起床就向他道"早安"，分享玩具时也记得要对他说"谢谢"，回家时要对他说"我回来了"。此外，不论在家里或在户外，亲子间的互动都不可以出现推、捏、撞、抓、拉扯等动作，经过长期的熏陶后，孩子自然就会成为受欢迎的小绅士了。

3. 咬人行为及其对策

咬人和打人其实没有什么区别，都一样会伤害他人，唯一不同的就是使用的"武器"不同。咬人通常能很快达到宝宝所期待的效果——吸引大人的注意力。当宝宝发现咬比说更有效时，为了解决对周围环境无法操控的挫折感，或为了清楚表达需求，就可能会选择用牙齿当利器。

不过，对那些好奇宝宝而言，咬人纯粹只是为了探索自己的感官世界，他通过咬咬看的方式，尝试各种东西的味道，但凡所有能吃或不能吃的东西，他都会放进嘴里咬咬看，包括咬人在内。但若宝宝在生长环境中，经常目睹大人出现咬人的行为时，在其心智尚无法判断对错时，他也会有样学样地咬玩伴。也许是因为好奇或探索新世界的关系，大多数一至三岁的宝宝都会咬人，但绝大部分都不会养成习惯。当宝宝出现咬人的侵略性行为时，父母必须特别注意下列数点，才能适时制止这个不良习惯。

发生咬人事件要立刻反应。当父母发现小孩咬人时，必须立即采取行动，把孩子和被咬的孩子分开，并先检查被咬的小朋友是否受伤；同时在训诫自己的孩子时，千万不要过度反应，不要对着他大吼大叫或大声指责，而是将他带到一旁，让他的情绪先平静后，再冷静且坚定地向他解释："我知道你很生气，但咬人是不可以的，被咬的人会很痛。"

千万别反咬回去。当孩子咬你时，千万不要以牙还牙地咬回去，这就像宝宝打你时，你不能打回去一样，那会造成宝宝的困惑。如果父母认为使用以牙还牙的方式可以让宝宝知道被咬的难受滋味的话，那显然父母要失望了，因为宝宝的心智还不够成熟，无法把别人的痛和自己的痛联想在一起，也许他被咬后会感到受伤、害怕，但却不能让他从此不再咬人。

避免双重标准。 有些父母会亲昵地轻咬宝宝的脚趾或手指，偶尔也会让宝宝轻咬自己的肩膀、脸颊或手臂，他们认为这种亲子间的亲密游戏并没有伤害性，所以玩玩也没有关系；但当孩子咬的对象是玩伴时，父母却会觉得事态严重，喋喋不休地责骂。这样前后两种不同的标准，将会令孩子无法判断咬人到底是对还是错。在面对宝宝咬人的问题时，父母的最佳态度是让宝宝清楚：不论是什么时候或任何形式的咬人，都是不对的。

4. 克服攻击性行为的建议

当宝宝出现侵略性行为时，一味地斥责、谩骂或厉声警告他不可以粗暴地对待玩伴，是无效的。宝宝无法自动自发地克制自己的侵略本能，而必须由父母一步一步地教导，因此以下的建议或许对教导孩子克制侵略性行为有所帮助，父母不妨尝试看看。

机会教育。 父母可以通过许多不同的方式来对孩子进行机会教育，例如：当孩子和同伴打架或看到其他宝宝在打架，看到电视上的人物在打架时，父母都可以把握当下的机会，让孩子明白，用武力来发泄愤怒或夺取物品，是不被大家接受的，而且还会伤害别人。这种教育方式必须一再重复，才能让孩子牢记在心里，并慢慢养成习惯。

以身作则。 当父母看到孩子老是以侵略行为来解决问题时，应该先自我检讨是否做了不良示范。通常具侵略性的儿童，若非有一对同样具侵略性、习惯以打骂方式教育小孩的父母，就是有一对弱势而完全放任的父母。当孩子经常看到父母以成熟的方式处理纷争，而且做错事情也会主动道歉时，孩子也会学着做。此外，为了不让孩子过于放任，父母也要明定规则来限制孩子的行为。

赞美宝宝的正向表现。 宝宝为了吸引父母的关注，通常会表现得非常乖巧，期待得到父母的称赞，但当父母对其乖巧行为视而不见时，他就会改变态度，选择用打人、咬人、吐口水或其他侵略性行为来博取父母的注意。因此，当孩子行为表现良好时，父母一定要不吝啬地赞美他，并给他微笑与拥抱，而对于他的不好行为，则要刻意忽略。一旦他知道只有良好行为表现才能引起父母的关注时，他就不会再表现负面的行为了。

减轻挫折感。 宝宝的侵略性行为大多与挫折感有关。当宝宝遇到挫折时，父母应该鼓励孩子说出心里的感受——生气、沮丧、嫉妒、悲伤、恐惧，帮助孩子以安全健康的方式来发泄内心的挫折与愤怒，适时地疏导宝宝的情绪，减轻挫折感。如果宝宝的语言能力不足，无法完全表达时，父母可以把他所说的单字或不完整的句子加以整理和补充，帮宝宝说出完整的心声。例如，当他因为拿不到罐子里的饼干而闹脾气时，父母可以平静地说出他的心情："你拿不到饼干很生气，对不对？"或者说："你想要饼干，对不对？"宝宝的挫折感会因为父母的理解及愿望的满足得以减轻，也不会再轻易出现侵略性行为。此外，父母还要帮助孩子学习每天的生活技巧，包括社交技巧、穿衣、玩耍和吃东西等，这些技巧不但可以减轻他与人互动时的挫折感，也能减少孩子的侵略行为。

保持中立。有些父母在小孩吵架时会站子女这一边，有些则替别人家的宝宝说话，还有一些千方百计想找出是谁先动手的。虽然这些父母都是出于善意，但他们的立场都不客观，老是替某一方说话并不公平，而试图找出罪魁祸首也很难，因为双方小孩都认为自己是对的，而父母看到先动手的一方也可能只是反击而已。如果需要大人干预时，大人最好是协调者而非辩方、法官或陪审团，谁先打人的并不重要，最重要的是让打架事件落幕。

不要说教。当宝宝出现侵略性行为时，虽然要让他明白伤害别人及用粗暴方式解决冲突是不对的，但父母切勿在事件结束后，仍每天对孩子喋喋不休：你今天表现不好、你对朋友不友善、这样你的朋友就不喜欢你了……这种无止境的说教不但无法改变宝宝的行为，反而会让他感到麻木，增加其内心的不满及侵略性。

掌握旁观及插手的时机。有些无伤大雅、不会伤害到任何人的推撞，大人其实也无须过度干预，因为过度干预反而会剥夺宝宝学习珍贵社会经验的机会。在不会造成伤害的情况下，大人应该持旁观态度，让宝宝从中学习人际关系的运作。但当争端上升至推、打等粗暴层次，或显然有人会受伤时，父母就必须马上出面制止，首先将两人分开，然后先安抚被打的小朋友，最后才是训诫侵犯者。如果自己的小孩是攻击的一方，就把他带到一旁，冷静而简短地向他解释，无论是捏人、咬人、推人、踢人或打人都是不对的，并且警告他，如果他再犯就必须接受处罚。万一孩子又真的再犯，父母就必须言出必行，否则想改正宝宝行为的企图将会徒劳无功。

小暴龙的类型及对策

和一般的学步儿相处原本就是一件耗费精神与体力的工作，而当面对的是一个暴龙似的总也坐不住的宝宝时，除了会让人筋疲力尽外，父母原本的好意到最后还可能变成恶意。面对难缠的学步儿，有些父母可以得心应手地处理，有些父母却束手无策，但无论如何，当父母已无法忍受宝宝的行为时，就应该采取措施。

以下是几种常见的难缠型，以及应对这些类型的方法，可以让父母了解该以何种方式对待这些难缠的学步儿，让父母和宝宝可以在愉快的生活中和平共处，同时也帮助宝宝发展性情中的正向部分，降低负向的性情。

1. 不苟言笑型及其调养

有些孩子自婴儿时期就不爱笑，到了学步期、开始会说话后，则变得比同龄宝宝爱抱怨和发牢骚。这种看似严肃的宝宝，虽然无法像其他天性活泼的孩子那么受欢迎，但是他日后却可能在严肃的学术领域里出类拔萃。父母千万不要因为宝宝不苟言笑的负面心境而责备或惩罚他，这对他是不公平的，因为那根本不是他所能控制的，也不是任何人造成的，一味地责备与惩罚只会让情况更恶化。

对待这一类型宝宝的最佳方法，除了接受他、包容他之外，父母还可以从其他造成宝宝不快乐的地方下手，以降低问题的严重性；在面对宝宝时，要记得脸上随时露出笑容，这也有助于消除宝宝的负面情绪。

当宝宝从原本活泼、快乐的个性，突然变得沮丧、不快乐，或以前是笑口常开的孩子，突然不笑了，此种情绪的转变可能是因为压力所导致，并非天性如此。这时，父母应检视是否自己的教育态度过于严厉，或是否生活环境出现变化，才导致宝宝一时适应不良。当父母无法解决问题时，不妨求助于心理医生。

2. 活动力特强型及其调养

当父母发现宝宝整天坐不住，无法被局限在一定的空间里，比如一直在屋子里跑来跑去，总是玩到很疯狂失控，而且当他和其他活动力正常的小朋友一起玩游戏时，两相比较之下，那些活动力正常的小孩看起来就显得行动迟缓，有时你甚至会怀疑自己的孩子是不是多动儿。

其实，活动力特别强是这类宝宝的优点，但却是父母及照顾者的最大噩梦，因为你随时随地都会担心危险会降临在宝宝身上，而每天还得想办法让孩子发泄精力；当看到他跳来跳去、冲来冲去、爬上爬下时，又得限制约束他，以防他发生危险；特别是看到他玩具有高度活动力的游戏，玩到太过兴奋而疯狂失控时，父母还得想小法让他冷静下来，心里总是矛盾重重。这类孩子会把父母弄得每天精疲力竭，只希望他能够赶快长大，早日脱离这个难缠的时期。

面对活动力特强的宝宝，父母第一个要确定的事情，是带他到医院请医生诊断，确认孩子是否有多动问题。若确定孩子有多动问题，就要及早接受治疗矫正；如果孩子并没有多动问题，那么除了给孩子充足的户外活动以消耗体力外，为了孩子的安全着想，还要对孩子设定一些特别的限制。

规定他不可以在床上跳，不可以在沙发上爬来爬去，也不可以在楼梯间跑上冲下。

当他玩球类、溜滑梯等具高度活动的游戏时，要随时注意不要让他玩得太过兴奋，一旦他玩到疯狂失控时，父母得赶快把他带离游戏现场，等他的情绪恢复平静后，再小声对他说："等你冷静一点了，再回去继续玩，不然你会伤到自己，也会伤到别人。"

如果孩子无法冷静，父母就必须采取强制的暂停处罚，或找一些不太激烈的游戏取代，包括画画、捏面团等游戏。

3. 作息时间紊乱型及其调养

大多数的宝宝在出生后都没有固定的作息时间，有些在一岁前会建立规律的作息，有些则已经两三岁了，依然没有固定的进食或睡觉时间，所以父母无法得知这类作息时间紊乱型的孩子什么时候想睡，什么时候会醒，什么时候心情好，什么时候心情不好，什么时候饿……

虽说作息时间紊乱型的宝宝适应力较强，较能应付外在环境的变化，但因为作息时间不规律，会导致父母及照顾者的生活也跟着大乱。当然如果父母本身就是作息不规律的人，那么父母自然可以和孩子融洽相处；而如果父母是很重视作息规律的人，那么就得设定一些在大人和宝宝之间可以取得平衡的限制，但父母也不要贪图方便，而强迫作息时间紊乱型的宝宝配合大人的作息。

在喂食的时间方面，如果宝宝在吃早餐的时间还不饿，父母可以先送孩子到幼儿园，并告诉老师，孩子还未吃早餐，稍晚如果孩子喊饿的话，请老师给他吃点心；如果宝宝到了晚餐时间还不觉得饿，父母可以让他吃一些点心，若他不想吃，也不要强迫他，可以等他饿时再给他吃。

在睡觉的时间方面，父母可以帮助孩子建立睡眠生物钟，如果孩子每天定时睡觉，那么父母可以做睡前准备，暗示孩子睡觉的时间到了，渐进式地让孩子做好上床睡觉的心理准备。父母可以给孩子准备好睡衣，然后为他讲故事、朗诵诗文、祈祷等，也可以为孩子准备一些柔和的音乐，让孩子编故事。这样能达到稳定孩子身心，让孩子在平稳的情绪下进入睡眠的目的，睡意就会向他袭来。如果父母试尽所有的方法，还是无法改善宝宝的睡眠问题时，建议父母不妨带孩子到医院检查，因为宝宝有时候也会有睡眠问题。

4. 特别无法专注型及其调养

宝宝的注意力无法持续很久，很容易分心，这是很正常的情形。有时父母会觉得孩子的好奇心实在太强了，强到无法把注意力集中在某一物品或活动上，他们常常还未全心投入一个活动，注意力就被另一个活动吸走了。因为无法集中注意力，所以当父母、老师、照顾者或玩伴对孩子说话时，他也无法仔细听，尤其当大人说的是孩子不感兴趣的活动，或是孩子已经听过很多次的话时，孩子的注意力就会更不专注。这一类型的宝宝只要得到适度的鼓励，也许可以成为兴趣广泛、多才多艺的人，但他却也可能成为什么都只懂得皮毛的人。

注意力不集中是学步期宝宝的天性，其实不需要过于大惊小怪，也不需要太多特别的处理。最好的应对方法是：从日常生活中观察孩子的兴趣，然后朝着这个兴趣提供孩子学习或活动的项目。例如，当父母经过观察得知宝宝对自然科学的东西非常感兴趣时，父母就可以搜集相关的书籍、游戏、玩具、电视节目、光盘或电影等，用以训练宝宝的专注力，但也不要过度强迫孩子投注太久的专注力，以免造成他因为压力过重而产生逃避心态。此外，室内也要经常保持安静的气氛，这也有助于宝宝专注力的提高。

另一个训练宝宝专注力的方法是"让宝宝看着父母的眼睛"。当你和孩子说话时，一定要让他面对着你并看着你的眼睛，防止他被其他事物吸引而分心，让他专心聆听你说话，等孩子的注意力都集中在你身上时，再继续对他说你想要告诉他的话。"看着我的眼睛"这个方法不止适用于父母，也适用于其他照顾这类宝宝的人。

5. 个性容易退缩型及其调养

如果父母注意观察宝宝，你会发现很少有两三岁的孩子是外向的，大多数在某些时候都会表现出害羞的征兆：有些孩子和大人在一起很自在，但和同伴在一起时就会显得特别安静；有些小孩和一群同伴在一起很自在，但却不肯和家人以外的大人说话；有些小孩只要和不熟的人在一起，就会变得很害羞。在六岁以前，大约有一半的小孩仍然很害羞，而其中一半在青少年时仍很害羞。大约有五分之一的小孩是天生害羞，这些小孩从未真正打败羞怯，尽管他们通常能学会如何克服这种心理。

宝宝的羞怯是天生或只是典型表现，在学步阶段都还无法判断。因此，与其担心并想办法治疗宝宝的羞怯，不如帮助宝宝对自己及他人产生良好的感觉，并认可自己与大人、同伴间的互动。当宝宝获得充分支持和鼓励时，即使是天生害羞的小孩也可长成友善、自信的成人，当父母要帮助宝宝克服害羞问题时，必须做到以下三点。

接受宝宝的羞怯。绝对不要把宝宝的害羞视为缺点，就算他的表现令你不满意，也不要以暗示性的口气或直接对他说："你的行为让我感到丢脸。"相反，你要让他知道你爱他现在的样子。

不要贴标签。不要当着宝宝的面向别人数落他的胆小怯懦，因为这个标签会深深烙印在他的心里，更会强迫他去接受这个事实。贴标签只会加深孩子的羞怯，甚至导致日后他还可能利用这个标签来逃避一些不愉快或不舒服的场合。

陪他预演。在宝宝要出门接触新面孔、新地方、新环境之前，先帮他做好事前的准备工作，多花一些时间和宝宝交流，甚至可以用游戏的方式，和他进行角色扮演，事先帮孩子做好心理准备。

6. 适应能力较差型及其调养

有些宝宝做任何事情都有一定的模式，他永远要用同一个杯子喝橙汁、面包永远要切成一定的形状、永远都要穿同一双鞋。这种行为如果发生在大人身上，可能会被视为强迫性行为，但对宝宝而言却是很正常的现象，因为他希望能预测他的食物、饮料、衣着及日常作息，即使只是小小的改变也会令他们不安。

在此类型宝宝所能想象得到的范围内，没有一项改变是好的，他们比一般宝宝更需要有规律的作息、仪式及固定的位置，有最喜欢的衣服、食物、玩具；他们对过度改变会显得手足无措而慌乱，但一旦改变完成后，他又会固守新的环境。他的严谨态度是为了控制自己的生活环境，当环境条件面临改变时，就算是轻微且不会直接影响到他的改变，他仍会觉得受到威胁、挫折、不安全及不确定。

面对适应力较差的宝宝，父母必须体谅他在面临全新环境与不同事物时所承受的压力，就算必须改变，也要把改变的范围缩到最小，任何可以等待的改变——新地毯、新娃娃车、育婴房粉刷新颜色或新的日常作息——都可以等到宝宝比较有弹性时再进行改变。

如果宝宝坚持每天穿同一件外出服，那么父母可以准备两件以上同样的，以便换洗；如果每天吃同样的食物能带给他安全感，就让他吃同样的，但为了营养的因素可稍加变化。另外，遇到一些必要的改变时，例如：运动鞋该换了，也要试着多给宝宝一些时间慢慢调适；当宝宝到了要上幼儿园时，父母要尽其所能地对他预告行程，帮他提早做好心理准备，并在上幼儿园前一个月，每天带他到幼儿园熟悉环境。

父母必须有心理准备，即在面对种种改变时，宝宝会觉得有一点受到威胁、不安，且较易有挫折感。这时与其对宝宝生气，不如给予他大量的支持及谅解；如果他对任何改变都极端不安，那么这些"守旧"的行为可能都不是一般宝宝阶段的行为，而是他天生的特质。

有效的管教方式

　　没有任何管教方式是放之四海而皆准的，但却有许多有效的方法已行之多年，例如下列数项方法；而父母该选择哪一种，或该在什么时候使用，需要视父母、宝宝的个性及当时的场合而定。

1. 让宝宝学会守纪律

　　让宝宝学习守纪律的目的，是要帮他建立正确的是非观念，为他奠定日后有能力自我约束的基础。也许他现在还不能完全理解纪律的概念，但父母却可以借着言传身教来慢慢教导；虽然这些概念不会马上萌芽，但只要父母勤加灌溉，终会为宝宝未来的行为扎下深厚的根基。

　　当宝宝学会良好的纪律后，懂得尊重别人的权益及感受，日后他将由自我中心的小孩成长为有怜悯心、关怀心的人，并有机会成长为快乐的成人；没有纪律的宝宝通常在进入真实世界时，会遭受到残酷的觉醒且为不快乐所苦。

在父母教导宝宝学习纪律的过程中，务必注意到下列四个要点。

灵活的管教方式。管教的方式不该僵硬，毫无变通，应该要权衡轻重，有弹性地调整，每个宝宝、家庭、环境都不同，因此管教、规范的方式自然也该有所不同。但有些父母天性较开明，有些则较严肃，因此父母可以顺着自己的本性来教导子女，但同时也必须保持弹性，避免过于极端。

因材施教。最有效的管教方式就是因材施教，如果家中的孩子不止一个，那么最好从他们出生时，就开始注意他们人格上的细微差异，这些差异多少会影响到你对他们的管教方式，例如，当宝宝碰触危险物品时，有的宝宝只要听到你稍带怒气的话，就会掉下眼泪；有的宝宝在被小声吓阻后，就不会去碰触危险物品；有的必须被厉声警告，才会有所警惕；有的则在父母喋喋不休的警告后，依然嬉皮笑脸、不为所动；而有的更极端的宝宝，则必须等父母把危险物品移开，才会放弃碰触。

因此父母必须视孩子的个性来决定管教方式，在宝宝还未成长到能分辨对与错、安全与危险之前，父母与照顾者就必须为宝宝的管教负起全部责任，不可以把责任推给宝宝。

过犹不及。有效的管教方式就是不松不紧，既不要严苛到毫无弹性，也不要放任到毫无约束。当父母坚持必须依照其政策进行，完全不考虑孩子的性格，也不容许孩子有机会发展自制能力，这种管教方式所产生的结果，是宝宝平时会表现出对父母完全顺从，但等到父母或照顾者不在或管不到时，就会犹如脱缰野马，变得无法无天。有些父母对宝宝的管教方式则过度放任，让宝宝得到完全的自由，结果教出自私、粗鲁、令人讨厌、爱争论又不愿顺从的孩子。

上述两种极端的管教方式，都会让宝宝感受不到父母的爱。严格的父母可能因太过冷酷而不够慈爱，放任的父母则显得冷漠而不够关心，两相权衡之下，最成功的管教方式应是取其中庸，也就是设定公平与合理的限制，以坚决而慈爱的方式执行。

设定规矩。宝宝常因无法约束自己的冲动而失控，当失去控制时，他又变得很恐惧，若父母能够设定规矩，就能让宝宝避开失控与恐惧的场面，可以让宝宝像放飞的风筝，飘翔蓝天追寻梦想，还能安心、安全又稳定地成长。

设定的规矩切记要切实可行，而且项目不可过多。至于要设定什么样的规矩，则主要由父母决定。对许多家庭而言，最重要的事情是不可以在客厅吃饭、鞋子不可以穿上沙发；但对其他家庭而言，有可能最重要的事是不可以乱动父母书桌的抽屉。不过，对大多数家庭而言，他们最重视的是孩子的教育，也就是请、谢谢、对不起等简单的礼貌用语与礼仪。

2. 不服规范管教的对策

学步儿偶尔会不服从父母的管教，但极少有强烈不服管教的情况发生。宝宝不服管教的原因大多是因为遇到困扰，他有可能正专注于某一游戏上，所以无法分心听父母说话，才会对父母所说的话爱理不理。还有些宝宝则是因为缺乏判断力，所以当父母让他进行选择时，他无法评估各种选项是否符合自己的期望，因而反抗父母。这类宝宝宁愿尝试每个选项，然后再评估哪个选项的结果最能满足自己的期待，所以外表上看来似乎是不服父母的管教，但实际上是在追根究底。

因此父母在面对冲动控制力薄弱，又不服管教的孩子时，可以注意以下几个重点。

父母的态度必须前后一致。当父母为宝宝设定规矩后，就必须彻底执行，不可出尔反尔。如果父母规定宝宝不可以把鞋子穿上沙发，但当他把鞋子穿上沙发时，父母却完全不加以禁止；或前两天不停地要求宝宝饭前洗手，但今天却忘记要求他，这种反复的态度会让宝宝觉得一片混乱，毫无秩序可遵守，最后他就索性不遵守规矩，对父母的要求也会充耳不闻。

必须立刻采取行动。当看到宝宝正好玩地用力拉电线或伸着小手指要挖插座孔时，如果父母只是小声地对他说"不可以"，却没有立刻采取行动强迫他停止，那么父母所设定的规矩便是毫无意义可言。如果父母一直没有用行动来支持所设定的规矩，那么这些规矩很快就会对宝宝失去规范的力量。当第一次说不可以没有达到效果时，父母就该立刻采取行动，尤其是在情况危急时，父母必须立刻把孩子抱起来，并且坚定地对他说："不可以碰电线，那很危险。"或立刻把孩子抱离插座孔，除了告诫他危险性外，还要马上把插座孔用胶布遮盖起来。

父母不能期望教宝宝一次后，宝宝就能记住所有的事情，只要与安全有关的事情，父母都不能掉以轻心，包括不停重复地对宝宝说同样的话："别玩电线"、"别玩插座"……

切记宝宝的记忆力有限。父母不能期望在教宝宝一次后，宝宝就能记住所有的事情；虽然他被父母带离现场后，会暂时忘记对电线或危险物品的注意力，但当下次他又走到那些物品旁边时，他还是会想碰触。所以，父母必须有心理准备，有耐心，要做到不停地重复地对宝宝说同样的话："别玩电线"、"别玩插座孔"、"别吃狗食"、"别碰炉子"等，一直讲到这些观念在宝宝的心里扎根为止。就算要讲上好几个月，父母也要坚持到最后，因为只要与安全有关的事情，父母都不能掉以轻心。

掌握说"不"的适当时机。在许多情况下，对宝宝说"不"是必须的，但当父母说不的次数过于频繁时，宝宝就容易把它当成耳边风，或激起想反抗的心态，久而久之，"不"也就缺乏效力与威力。试想，如果你每次做什么事或想做什么事情时，都有一个顽固者厉声地大喊"不"，相信你的反应最后也会和宝宝一样，把它当成耳边风或反抗它。如果你不想生活在这样的世界里，那么你也不该让孩子生活在同样的世界里。

父母对宝宝说"不"的范围应该有所限制，只有当事件威胁到宝宝的安全或其他人时，父母才能说"不"。但若父母把家中环境设计成符合宝宝的安全标准时，就可以省下更多的口舌，也让宝宝能尽情地探索。每次对宝宝说"不"时，都要提供给宝宝不同的选择方案，同时要强调正面。例如当宝宝开始乱抽书架上的书籍时，父母可以对他说："那些书不可以乱拿，你看，你的书本在那里。"然后把他带到放置绘本的书架前，让他选一本自己喜欢的绘本，然后阅读。

当孩子把不同的玩具全倒出来时，父母可以对他说："玩具丢得到处都是，万一踩到很危险哦，我们把它们分类放回箱子里，一次只玩一种玩具就好。"然后带着孩子边分类边玩游戏。千万不要一边弯腰捡玩具，一边抱怨："看看你把屋子搞得这么乱，万一有人踩到滑倒了，怎么办？"当宝宝按照大人的话开始收拾玩具时，父母千万也别忘了要及时给他一点赞美及掌声，并提醒他"玩具就是要分类收好，玩游戏时才不会有危险"。这种保留颜面的做法不但可以传递父母的要求，也不会让宝宝觉得自己是不听话的小孩。

3. 把握好奖励与处罚

大多数的父母总是很容易看到宝宝的缺点，而且只要一看到孩子的表现不符合预期，便喋喋不休地纠正他，却不曾用相同的心态观察孩子的良好表现，并给予支持与赞美。正因为如此，大部分的宝宝很早便学会，如果要吸引父母的注意，就必须当个顽皮的孩子，而不要当乖小孩。宝宝会开始观察，发现爸爸自从吃过晚饭后，就一直坐在电视机前面看球赛，他会认为如果他把果汁打翻在地毯上，爸爸就会注意到他。

当孩子为了引起父母的注意而故意犯错时，父母千万不要过度反应，因为那正好落入孩子的圈套；而当孩子一次只拿一种玩具出来玩，或在父母洗碗时安静地玩拼图，或从地板上捡起饼干屑并递给父母时，也请父母给予赞美。总之，父母对孩子的良好表现要小题大做，而对孩子的不良表现要大题小做。当父母给宝宝足够的关注时，他就不会再为了要吸引父母的注意，而借机故意犯错了。

当孩子犯错而父母不得不处罚他时，也要注意处罚的适当性。例如，孩子一直无法了解，为什么他用蜡笔乱画他最喜欢的绘本，就被禁止看最喜欢的卡通，这样的处罚并没有得到父母想要的结果；也许父母可以选择在当下把宝宝手中的蜡笔拿走，当然同时也要没收他心爱的绘本，而且不准他拿其他绘本来阅读，等过一段时间后，再把绘本还给他。如果孩子故意把果汁打翻在地毯上，就必须要求他自己清理，但父母还是得从旁协助，毕竟清理地毯需要技巧，一般宝宝还不具备这样的能力；但如果孩子把积木或玩具乱丢，就可以罚他一天不准玩玩具。

除了适当的处罚外，也要让宝宝明白犯错的因果报应。例如，当孩子把故事书撕破时，就该让他知道撕破了就无法念故事给他听；如果他把饼干喂给猫狗吃，他就没有饼干吃了。当然，这些东西都可以重新购买，但如果孩子的行为是刻意而非意外时，就先不要购买，必须等到孩子吸取教训后，才能重新买。

4. 暂停式的处罚策略

虽然并非所有的专家都赞成暂停式的处罚策略，但不可否认，这种策略的确是一种明智的规范工具，有些父母还大力赞扬其效果。暂停的含义是让失控的宝宝冷静下来，重新恢复自制的能力，同时让宝宝可以在暂停期间好好自我反省，通常宝宝在安静一段时间后，就可以化解原来濒临爆发危机的情绪。但暂停的时间需要多久，就要视宝宝的情况而定，有些宝宝适合一两分钟，有些则需要5至10分钟，父母可以利用闹钟让宝宝自己看时间，如果宝宝拒绝安静坐好或安静地站在角落，父母就必须态度坚定且不停地带他回到椅子上或角落里。如果暂停的时间结束，宝宝又故态复萌，那么父母就得重新用一次暂停策略，直到宝宝愿意约束自己的行为为止。

执行暂停策略应该注意下面几项重要原则：

宝宝犯的错应该是父母已经事先警告的错时才执行，第一次犯错不适用暂停处分。

暂停的处罚地点应该在一处安全、父母视线看得到的地方；处罚地点不能有任何易碎或危险物品，以防宝宝碰触时发生危险，且要远离好玩的玩具。

不要以宝宝的小床或房间作为暂停的处罚地点，因为这些地方会让宝宝有正面的联想。

暂停的执行期间，不准宝宝与任何人交谈。

应该在执行暂停之前，就让宝宝上厕所或为他换尿布。

宣告暂停的开始与结束都必须由同一个人执行。如果宣告开始与结束是不同的人，宝宝可能会产生困扰，并觉得就算被处罚暂停了，也还有另一个人可以解救他。

如果父母能够接受暂停的处罚概念，不妨尝试一下看看。不过必须注意的是，每个小孩的个性都不同，有些情感特别敏感的宝宝，当被要求站在角落时，可能会大声哭闹、挣扎，产生被拒绝或被遗弃的情绪伤害。这类宝宝就不适合接受暂停处罚，毕竟处罚的目的是要纠正宝宝的行为举止，而不是要对他造成另一层的伤害。

5. 打或不打的管教方式

打的管教方式已有久远历史，但大多数专家并不认为是有效的管教方法。他们认为宝宝被打后，之所以能够不再犯同样的错，都是因为恐惧而服从，但他并未学到如何判别是非对错，也没有学会自律，而只学会当自己做什么事情时会被打，而做什么事情时不会被打。

其实，打小孩的负面效应真的不少，这是一种暴力的示范，往往让经常被打的小孩也会以同样的方式对待同伴，而在长大成为父母后，也会以暴力方式来管教自己的孩子。此外，打的管教方式相当于在教导孩子武力是解决争执的最好办法，以致孩子没有机会学习其他比较不具伤害的解决方式，也不能让孩子学习如何处理愤怒与挫折感。更令人担心的是，打的管教方式可能为孩子带来极大的伤害，尤其当父母在盛怒的情绪下，可能会因一时失去理性而对孩子痛下重手，除了造成孩子身体上的伤害外，也会在孩子心中留下许多难以弥补的伤害与阴影，甚至造成孩子日后的人格扭曲。

不过，有些专家认为，在情况危急之下，轻轻打一下宝宝的手心或屁股，确实可以让还听不懂话的宝宝得到重要提示。例如，当宝宝好奇地拿刀子、剪刀或走向炉子上正冒着热气的水壶时，可以一边喝住他，叫他别动别走，一边轻轻打一下孩子的手心，不必让他感到疼痛，而是让他了解这是一个警告，是要让他远离危险，而且事后父母必须向他清楚解释他的行为有多么危险。一旦他表现出明白你所说的话时，父母就不需要再对他施加更多的体罚了。

体罚孩子之前，有几个步骤父母一定要做到。

事先警告。当宝宝正在犯错或即将犯错而被逮到时，父母必须事先警告他："我数到三，如果你不停止的话，我就要处罚你……"而且父母必须言出必行，否则对孩子而言，这个警告就会变得毫无威信与效力。

解释原因。不论宝宝的年纪多小，当父母没收他的玩具或对他施行暂停处罚时，他会隐约感觉到自己做错事了，但他不知道自己为何犯错，因此父母管教宝宝时，一定要解释理由，而且要用简单易懂的方式向宝宝解释，这样他才能真正得知正确的提示。

把握处罚时机。宝宝记忆力差，注意力更差，所以对他的处罚要在当下进行，否则等父母长篇大论的说教后，或剥夺他的特权之前，他就已经忘记被处罚背后的理由为何了。如果宝宝在早上犯错，而父母对他的处罚是晚上不能吃点心，这样会因时间相距太久，导致宝宝根本无法把犯错和晚上没点心吃的后果连接在一起，自然也就无法吸取教训。

重述事件。父母在执行处罚后，最好把孩子犯错导致被处罚的事情简短地重述一遍。如果孩子已经会说话，父母可以问他："告诉我，你为什么会被罚暂停？"或问："为什么我没收你的故事书？"让孩子明白自己到底做错了什么，虽然等宝宝再长大一点，他可能会自己说出答案，但重述事件仍是很重要的步骤。

宽恕及忘怀。当宝宝已经为所犯的错误付出代价后，就必须让他的生活恢复正常，千万不要有余怒未消或喋喋不休的冗长训话，也不要因为处罚孩子而心生内疚，突然对孩子特别好，这样宝宝可能会觉得你是在后悔曾经惩罚他，而容易一再犯错。

6. 别让体罚变成虐待

极少有父母会刻意伤害宝宝，但在新闻中却常见虐童事件，其中大部分是因为父母过于愤怒，或爱之深责之切而对孩子施以体罚。这些会虐待孩子的父母，成长过程中大部分也曾受到父母的虐待。

对年幼的孩子来说，即便只是轻轻打了一下他的屁股，都有可能对他造成伤害；对婴儿或学步儿而言，就算是看起来好似无害的摇晃，也可能造成极大的伤害；至于使用皮带、棍子、戒尺或其他随手可得的器具来处罚孩子，这对孩子所造成的身心伤害更是令人无法想象。

当父母或照顾者常会有忍不住想打宝宝的冲动，或实际已经有打孩子的行为时，就该请求心理医生的协助。如果父母发现周围的人有虐待幼童的倾向或实际行为时，也要尽快向警方请求协助。

7. 双赢的管教方式

父母在管教孩子时，不见得一定要赢，因为父母也不一定都是对的一方。当你发现自己的筹码不够多或发现自己犯错时，不要觉得让宝宝赢是很丢脸、很尴尬的事，偶尔也要让宝宝得到一次的胜利，正好可以弥补他每天所遭遇的无数大大小小的输。

人都是在错误中接受教训的，大人尚且如此，更何况是宝宝。宝宝犯错当然是可以被允许的，因为他们必须从错误中接受教训。在不危及安全的情况下，如果父母可以容许宝宝偶尔犯错，就可以不必整天对着他大喊"这个不行"、"那个不行"。同时偶尔犯错也是宝宝的最佳机会教育，假如孩子坚持在大热天穿上冬天的厚棉鞋，你就让他穿，这样比你坚持他穿凉鞋，惹他开始闹脾气，导致亲子关系变得僵硬来得更有意义。等他热到受不了时，他自然就会自己脱掉厚棉鞋，以后遇到大热天时，他也就不会想再穿厚棉鞋了。

解决亲子争端的最好方法就是让双方都成为赢家。宝宝的反抗心很强，当父母越不让他碰触某些东西时，他就越想摸摸看，这种行为除了是好奇心使然外，也是想挑战父母的底线。因此在安全的前提下，如果孩子故意碰触桌上的插花，然后转头观察父母的反应时，你不妨退后几步，假装没看到他的行为。如此一来，孩子的好奇心得到了满足，而你担心他会受伤的问题也不会发生，双方都得到自己想要的，双方都是赢家。

创造双赢局面的方式很多，例如转移注意力、增加幽默感、妥协折中法、激将法等，但绝对不要使用贿赂与威胁的方法。

正面增强法。正面增强法是指通过赞美及奖励孩子的良好表现，提示孩子什么是对的。赞美与奖励是非常有效的管教工具，不但能强化孩子的正向行为，也能建立宝宝的自信，这比当面纠正更有效。

不要进行感情勒索。"如果你爱我，你就不会这么做"，"如果你再把书撕破，我就不再爱你了。"当宝宝犯错时，许多父母为了让宝宝对自己的不当行为产生愧疚感，就会对他进行这样的感情勒索。这种管教方式对父母来说当然很方便，但却会让宝宝的心里产生不安全感。

不要愤怒失控。愤怒失控对问题的解决毫无帮助，而且会让父母在宝宝面前做不良示范，不但会遮蔽父母的思路，也让宝宝感到被侮辱及害怕，更会伤害小孩的自尊。所以当宝宝做了让人生气的事时，不论他是故意犯错还是无心之过，父母都不要立即做出反应，而是要给自己一点时间做深呼吸、整理情绪，等情绪平静后，再告诉宝宝做错了什么事，犯错的原因是什么。而当父母的情绪处于高度紧绷时，可以试着想想：打骂教育真的有效吗？我们管教他的目的是要把他的行为导向正确的方向，而打骂不正是最不良的身教示范吗？

当然，父母也不可能每次都能忍下即将爆发的情绪，难免会偶尔失控，但也无须因此而太自责。只要对宝宝激昂的说教情形不常发生，不会经常说个没完没了，而且失控是针对宝宝的错误行为而非针对宝宝，那么父母在宝宝心中的地位依然不会改变。当父母失去理智与冷静时，事后一定要对宝宝道歉，道歉后还要加上一句"我爱你"，让宝宝明白，大人有时也会对深爱的人发脾气，而这样的失控并不会影响彼此的关系。

对宝宝信守承诺。如果父母期待宝宝日后能培养出责任感，自己就必须以身作则地对宝宝信守承诺。不论答应过宝宝什么事，都不可因为他幼小不懂事，就随便敷衍了事；也不要为了安抚宝宝哭闹不休的情绪，而假意承诺却从不执行。当父母已经答应带宝宝到游乐园玩，随后却又决定接受朋友的邀约而参加聚会，这就是非常不负责任的示范。一个心智成熟的父母应该信守承诺，因为任何时候都可以与朋友约定聚会，但违背对宝宝的承诺，不但会对他的自尊造成伤害，也会让他感觉不被重视与尊重，他日后也会成为没有责任感的人。

宝宝也需要被尊重。宝宝虽然凡事都需要父母的照顾与教导，但并不表示他是没有想法与认知的人，因此和宝宝互动时，父母应该以尊重的态度对待他，就像你对待所有的人一样，随时要对他说"请"、"谢谢"、"对不起"。在你禁止宝宝做任何事情时，即使他听不懂，你还是必须向他解释原因；在陌生人或玩伴的面前，你不要喋喋不休地指责宝宝或让他难堪，而是应该随时站在宝宝的立场，设身处地地了解宝宝的需要与感受；如果是不得已必须在公共场所纠正宝宝时，最好把他带到一旁，面对面小声地纠正他。

尊重宝宝的权利。 许多父母在面对自己与宝宝的权利时，经常会犯过度与不及的错误。有的父母会为了完全配合宝宝的时间表，而放弃自己的所有权利——从不外出、忘了拥有朋友的价值、忽略自己的人际关系；有些父母则只过自己想要的生活，而把宝宝的需求完全抛诸脑后，就算宝宝已经疲惫不堪，他们还是硬拖着他参加大人的宴会，或是为了看足球赛，而忘了帮宝宝洗澡，忽略了他的安全；还有些父母甚至会为了开会，而忘记要带宝宝看病。因此，当家中有宝宝时，父母势必要牺牲自己的部分生活，但也不需要完全放弃自己的生活，应该试着在两个极端之间取得平衡。

8. 幽默感是管教良方

当孩子处于情绪风云变化的学步期时，有些父母认为要严格管教，有人则坚持"孩子还小，等大一点再教"；也有人信奉

"省了棍子，坏了孩子"的原则，但也有人坚决反对打骂教育，认为那会对孩子造成严重的心理创伤。

其实，学步儿的成长并不像蝌蚪变青蛙那样呈阶段式发展，除了生理的成长外，心理也在改变，而父母的耐心与体谅可以减少宝宝的挫折感，弹性的态度与幽默的角度更能化解宝宝的压力，可以协助宝宝顺利度过这个可怕的第一叛逆期。懂得善用幽默感的父母，可以避免经常对宝宝大吼大叫，既不会伤及亲子间的感情，也可以让宝宝有面子地投降。当父母发觉自己快要情绪失控时，可以适时地发挥幽默感，用以化解僵硬、紧绷的气氛。例如，不论你如何恩威并施，宝宝就是哭闹尖叫不愿坐进婴儿车时，父母千万不要对他大吼大叫，那只会让场面更混乱、紧张，而是应该抛开怒气与挣扎，试着换个方法，例如假装和孩子抢座椅，或把孩子最喜欢的小动物、小洋娃娃抱来与他抢座椅，这样做不但可以化解紧绷的气氛，还可分散孩子的注意力，最后还能达成让孩子坐进婴儿车里的目的。

在管教宝宝的生活过程中，有很多情况都可以通过幽默来化解：当父母要求宝宝帮忙做事情时，父母可以和孩子假扮成小狗、老虎、老鹰、米老鼠或其他任何宝宝喜欢的人物，然后两人一边做事一边唱歌，或把工作变成游戏来进行，这样不但可以和孩子玩得很愉快，且工作也能顺利完成。

看待学步期宝宝的管教问题，其实不需太过紧张和严肃。幽默是愉快生活的发酵剂，不但可以让我们的心情焕然一新，同时也是很有效的管教工具。在生活中懂得利用幽默感来解决问题，可以让亲子关系变得更融洽，也能让宝宝在成长过程中，学会轻松、幽默地待人接物。愿初为父母的现代家长们，都能善用幽默，在幽默中培养宝宝，使宝宝成长为一个心智健全、活泼健康的新人。

八

宝宝健康全记录

最可心的一句话

　　许多家长对孩子的起居生活和饮食营养照顾得无微不至。可是，从近年来儿科的就诊情况来分析，家长每每忽视了对孩子的五官保健，当疾病出现，只能是跑医院请医生治疗。殊不知，倘若家长重视孩子的五官保健，从婴幼儿做起，就可起到事半功倍的效果。

宝宝的成长记录表

年龄：　　　　　身高：　　　　　体重：　　　　　千克

有生病吗？

有过敏吗？

会说多少话了呢？

宝宝的成长记录表

年龄：

身高：

体重：　　千克

有生病吗？

有过敏吗？

会说多少话了呢？

宝宝的生病记录表

日期：　　　年　　月　　日

诊断：

症状：

持续时间：

在家的处理：

医生的诊断：

使用的药物：

用药的反应：

宝宝的生病记录表

日期： 　　年　　月　　日

诊断：

症状：

持续时间：

在家的处理：

医生的诊断：

使用的药物：

用药的反应：

宝宝的生病记录表

日期：　　　年　　月　　日

诊断：

症状：

持续时间：

在家的处理：

医生的诊断：

使用的药物：

用药的反应：

宝宝的健康检查表

42天健康检查

日期： 医生：

询问的问题：

宝宝的体重：

宝宝的身高：

宝宝的头围：

其他：

你该注意什么：

宝宝的健康检查表

90天健康检查

日期：　　　　　　　　　医生：

询问的问题：

宝宝的体重：

宝宝的身高：

宝宝的头围：

其他：

你该注意什么：

宝宝的健康检查表

180天健康检查

日期：　　　　　　　　医生：

询问的问题：

宝宝的体重：

宝宝的身高：

宝宝的头围：

其他：

你该注意什么：

本书是一本揭开孩子优秀成因之谜的书，告诉你每个孩子都是父母的朋友，只有用尊重成就好孩子，才能彻底改变孩子的命运。书中以40则真实案例，归纳40个你会遇到的亲子教育问题，再以40招妙计解决你的亲子冲突，让你管好孩子。

给孩子蜜罐教育，不如给孩子狠心教育——本书针对家庭常见的26种亲子溺爱的错误做法，用故事说话，全新角度解读儿女心理，为父母演绎了一系列正确对待孩子的好办法。

本书以22个实际的亲子沟通案例，让你看一看爸妈怎么想，再听一听孩子怎么说，使你和自己的孩子更贴心，让你的育儿更省心。

这是一本关于家长和老师沟通的书，通过具体案例，详细探讨了家长和老师如何沟通的话题，提出了一些新观点。比如"别向孩子隐瞒沟通内容"、"教育不是一个人苦撑"等。小巫、钱理群、李希贵、李镇西、吴娟瑜等海峡两岸专家倾情推荐。

昔日的优客李骥，是红极一时的音乐人；今日的李骥改当优质老爸，投入育儿教育了。因为教育孩子更不容易，更要懂策略。

本书是李骥投入亲子教育多年的心血结晶，有专业学理，也有为人父的经验谈，结合心理学、管理学、经济学等理论，具体提出了情商教育的12个有效策略。

本书以42个法则，指导父母以正确的态度和方法来爱孩子，让爱孩子变得轻松简单。本书观点一针见血，直击父母爱的教育中的误区，指导性强，42个教育小法则简单实用，并配以生动事例，更适合工作繁忙的父母阅读使用。

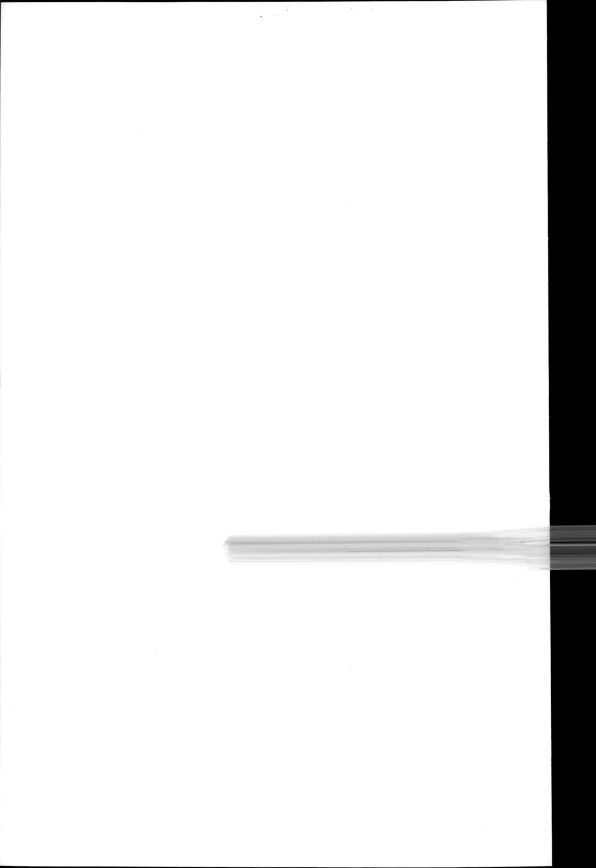